# 新农村热点话题科普常识系列丛书

## 编委会



## 本书编写人员


主　　编　熊明民

副 主 编　孙晓明　张春江

编写人员　王振宇　尤　娟　李　健　徐婧婷

孟燕萍　张　辉

主　　审　胡熳华

农业生产安全类

新农村热点话题科普常识系列丛书

# 农产品加工与运输安全知识

中国农村技术开发中心组织编写

熊明民 主编 胡熳华 主审

中国劳动社会保障出版社

**图书在版编目(CIP)数据**

农产品加工与运输安全知识/熊明民主编．—北京：中国劳动社会保障出版社，2010

新农村热点话题科普常识系列丛书．农业生产安全类

ISBN 978-7-5045-8636-0

Ⅰ.①农…　Ⅱ.①熊…　Ⅲ.①农产品加工-安全技术②农产品-运输-安全技术　Ⅳ.①S37②F762.03

中国版本图书馆 CIP 数据核字(2010)第 170493 号

**中国劳动社会保障出版社出版发行**

(北京市惠新东街 1 号　邮政编码：100029)

出 版 人：张梦欣

*

北京谊兴印刷有限公司印刷装订　新华书店经销

787 毫米×1092 毫米　32 开本　4.875 印张　102 千字

2010 年 8 月第 1 版　　2011 年 9 月第 2 次印刷

**定价：13.00 元**

**读者服务部电话：010-64929211/64921644/84643933**

**发行部电话：010-64961894**

**出版社网址：http：//www.class.com.cn**

# 内容简介

民以食为天，食以安为先。农产品加工与运输安全是确保农产品质量、保障农民增收、促进农业可持续发展的重要环节。尽管近些年我国农产品质量安全水平有了较大幅度提升，但是由于现阶段我国正处在传统农业向现代农业的转变时期，农产品质量安全问题隐患和制约因素还比较多，其中由农产品加工和运输过程中的不安全因素带来的农产品质量安全问题也频繁发生。

当前我国农业生产经营分散、生产方式相对落后，有2亿多农户、76万家农产品和投入品生产经营企业，一些生产者文化水平不高，质量安全意识淡薄。农产品生产环节多、链条长，任何一个环节出问题都会对质量安全产生影响。针对这些问题，本书从农产品生产环节入手，到收获、运输、流通，以及农产品贮藏和粗加工等环节，重点介绍了农产品生产加工、仓储、运输及销售的质量安全控制技术。内容包括农产品的概念、农产品的品质特征、农产品的初加工、农产品储藏方法，以及农产品在运输和销售过程中的质量控制等，涉及粮食、油料、蔬菜、果品、禽肉、畜肉、水产品等食用农产品。同时，还重点介绍了无公害农产品、绿色食品、有机食品、农产品地理标志的概念，以及认证的程序等。

本书在内容选材上以简单实用为要领，旨在引导农民树立农产品质量安全的意识，进一步增强农产品生产经营者特别是农民依法生产经营的自觉性。适合广大农民、各级农业科技人员、农业技术推广人员、农村经纪人和农村基层干部阅读，也可作为农业院校学生的参考用书。

# 前 言

我国是一个农业大国，13 亿人口中有 9 亿多是农民，提高广大农民的科学文化素质，发展农业生产，促进农村经济健康快速发展，是党和政府解决“三农”问题，建设社会主义新农村，构建和谐社会的重大举措。

中国农村技术开发中心作为科技部的一个职能单位，承担着农村科学技术普及的具体组织和实施工作。为使农村科学技术普及工作惠及广大农民百姓，满足农民求知致富和丰富群众精神文化生活的需要，把科普工作作为农民接受再教育最适宜和最经济的途径，中国农村技术开发中心邀请农业领域和相关领域的专家组成了“农村科普知识系列丛书”编委会，为广大农民、各级农业科技人员、农业技术推广人员、农村经纪人和农村基层干部组织编写科普图书。第一批推出的 7 种图书主要涉及农业生产安全和农村生活安全，它们是《农业生产安全基本知识》《农机具安全使用知识》《农药安全使用知识》《兽药安全使用知识》《农产品加工与运输安全知识》《农村生活安全基本知识》《农村气象灾害与防御知识》。今后还将陆续编写实用技术类图书。

本套科普知识丛书采用讲座的形式编写，通过对相关“话题”的讨论，使读者掌握相应的知识和技能。在编写过程中，针对读者对象，力争做到深入浅出、通俗易懂；在内容选择上，突出普及性、实用性和可操作性。

我们希望这套图书有助于引导广大农民树立安全生产的意识，帮助农民正确和安全地使用农业机械、农药、兽药及农产品投入品，科学采用农产品加工、运输和保鲜技术；提醒农民在生产和生活中安全用电、防灾减灾、科学膳食、正确用药、合理维权。

本套丛书在编写过程中，得到了中国农业科学院和中国气象局培训中心有关专家的大力支持，参与编写的专家倾注了大量心血，将他们多年的实践经验无私地奉献给读者，主审专家也提出了许多建设性的意见和建议，为保证图书质量作出了贡献。在此，致以衷心的感谢。

由于时间紧迫和作者水平所限，书中恐有疏漏和不足之处，恳切希望广大读者提出宝贵意见和建议，以便修订时加以完善。

中国农村技术开发中心

2010 年 8 月

# 目录

# 第一讲

# 农产品质量安全基础知识

## 话题1　农产品的基本概念

### 什么是农产品

农产品是指动物、植物、微生物产品及其直接加工产品，见图1—1，包括食用和非食用两个方面。人们常说的农产品多指食用农产品，即由种植、养殖而形成的，未经加工或经初级加工的可供人类食用的农产品。由农产品的定义可以看出，农产品强调的是种植和养殖环节。食用农产品的分类见表1—1。

动物性农产品

植物性农产品

微生物性农产品

图1—1　食用农产品的种类

**表1—1**　**食用农产品的分类**

| 农产品来源 | 农产品种类 |
| --- | --- |
| 植物性 | 谷类、豆类、薯类、水果、蔬菜 |

续表

| 农产品来源 | 农产品种类 |
| --- | --- |
| 动物性 | 水产品、畜禽肉、蛋类、乳品 |
| 微生物 | 菌类 |

## 什么是食品

《食品安全法》第99条对“食品”的定义如下：食品，指各种供人食用或者饮用的成品和原料以及按照传统既是食品又是药品的物品，但是不包括以治疗为目的的物品，从这个概念出发，食用农产品也是一类食品。《食品工业基本术语》对食品的定义：可供人类食用或饮用的物质，包括加工食品，半成品和未加工食品，不包括烟草或只作药品用的物质。从食品卫生立法和管理的角度，广义的食品概念还涉及：所生产食品的原料，食品原料种植，养殖过程接触的物质和环境，食品的添加物质，所有直接或间接接触食品的包装材料、设施以及影响食品原有品质的环境。在进出口食品检验检疫管理工作中，通常还把“其他与食品有关的物品”列入食品的管理范畴。

## 农产品和食品的关系

从供应链角度看，农产品侧重于种植、养殖等初加工环境，是供应链的源头，而食品更强调加工环节。农产品与食品既相互区别，又有重叠的部分，其关系如图1—2所示。图中重叠的部分即食用农产品，本书所讲的农产品特指食用农产品。

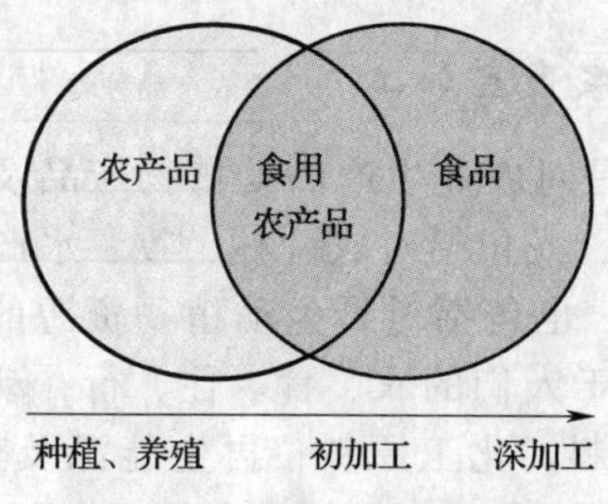


图 1—2　农产品和食品的关系

图 1—3 更加清楚地说明了农产品和食品的区别和关系，即食品来源于农产品，但是又以部分农产品为原料，加工成各式各样的食品。

图 1—3　农产品和食品的区别

## 什么是农产品加工

农产品加工是对农业生产的动植物产品及其物料进行加工的各种技术，既包括对农、林、牧、水产各行业产品及其物料的加工，也包括对野生动植物资源的加工。加工的产品广泛应用于人们的衣、食、住、行，动物饲料、医药保健，建筑材料，化工原料，再生能源及其各种生活、生产用品。本书所说的农产品加工专指食用农产品的加工。

农产品的加工分为初加工和深加工，初加工是采用常规方法或传统方法，依靠简单机械进行的加工，深加工是指采用高新技术对农产品进行多层次加工。无论是初加工还是深加工，一般加工方法包括清洗、分级、脱壳、粉碎、碾磨、分离、萃取、过滤、压榨、浓缩、干燥、蒸煮、混合、冷冻、高压、油炸、烟熏等。

## 农产品加工的特点

农产品加工有其自身的特点：

- 原材料资源分布广，陆地和水中处处都有；
- 产品品种繁多；
- 加工的季节性强，这是由于大多农产品加工的材料季节性强，大部分原材料不宜储存，必须在一定的时期内进行加工，否则会降低其品质，甚至腐败变质；
- 生产行业多，如粮食加工业、食用植物油加工业、果蔬加工业、饲料工业、肉类屠宰及加工业、蛋制品工业、乳制品工业、水产品工业等；
- 产品加工技术要求高，要达到产品耐久保存、富于营养、外形美观、风味可口、色香味形俱佳的要求，就要提高和改进产品加工技术。

## 什么是食用农产品安全

食用农产品安全问题主要针对的是由农业生产出的产品，如粮食、蔬菜、水果、肉类、鱼类及部分由农产品经过简单加工的产品。食用农产品的安全涉及生产、加工、储存和销售各个环节，都要达到无毒、无害、有营养的要求，具有相应的色、香、味、形等感官性状，也就是说“从产地到餐桌”的所有环节都应当是安全的。

进一步讲，食用农产品安全是指食用农产品中不含有致病微生物、生物毒素和化学污染物，人们食用后不会对自身的健康和生命安全造成任何程度的损害或是潜在危害，更不会对个人、家庭、社区、工商业企业和国家造成重大的经济损失。

## 农产品安全危害种类的划分

农产品存在的危害是指可以引起农产品不安全消费的生物、化学的或物理的危害（见表1—2）。

**表1—2　农产品存在的主要危害种类**

| 危害种类 | 危害来源 |
| --- | --- |
| 生物性危害 | 食源性细菌病原体、食源性病毒、食源性寄生虫、过敏源、抗生素等 |
| 化学性危害 | 天然毒素类、食品添加剂与食品辅助剂、农药和兽药残留 |
| 物理性危害 | 金属、木屑、塑料、毛发等，以及辐照、油炸不当等 |
| 其他危害 | 转基因产品 |

## 话题2　农产品运输与质量控制

### 什么是农产品的储存和运输

农产品的储存和运输是农产品流通环节中重要的组成部分。农产品储存，是指农产品的生产部门或是销售部门保存代销的农产品的过程，它处于从生产到运输销售的间隔环节，也就是农产品在流通领域中的停留时间。农产品运输是农产品流通活动中的重要组成部分，是指借助于运输工具，实现农产品在空间上的位置转移。做好农产品运输，要根据农产品的特点，合理组织运输，做到减少流通环节，缩短运输距离，降低运输费用，减少运输损失，以最快的速度把农产品从产地运到销售地点，从而起到加快农产品流通，保证农产品市场供应的目的。

### 农产品仓储运输过程中安全的重要性

食用农产品生产的最终目的是为了消费，而从生产到消费要经过一系列的流通环节，其中对质量影响最大的是对产品的储藏与运输。由于食用农产品在储运期间仍保持一定的生理活动，各种有害生物容易滋生，造成农产品质量和数量的巨大损失。

具体来说，水果、蔬菜、粮食和鲜蛋等具有生命活动，故称为鲜活农产品，另一方面，畜禽肉、鲜乳、水产鲜品未经熟制且含水量高，故称为生鲜农产品。无论是鲜活农产品，还是生鲜农产品，其储藏性能都比较差，容易腐败变质，所以在生产、仓储、运输过程中，要采取一定措施，保证其质量安全。

## 食用农产品仓储运输过程中的主要安全问题

食品农产品生产、仓储、运输中经常遇到的问题主要有以下几点：

- 产业体系不健全。生产、储藏、流通等环节脱节，片面重视产品而忽视质量和流通性。
- 经营规模小。分散经营的小农户和小企业，硬件设备和技术投入不足。
- 低温储藏运输设施严重不足。常温生产、储藏和运输，没有冷冻链。
- 农产品保鲜中的质量安全问题关注不够。化肥、农药、兽药、饲料等对食用农产品的污染，滥用防腐保鲜剂、杀虫灭鼠剂和消毒剂。

## 我国农产品质量安全监管制度

为确保农产品质量安全管理的各项规定落实到位，2006年4月29日，中华人民共和国第十届全国人民代表大会常务委员会第二十一次会议通过了《中华人民共和国农产品质量安全法》（中华人民共和国主席令第四十九号公布，自2006年11月1日起施行，以下简称《农产品质量安全法》）。《农产品质量安全法》根据国际通行的做法和中国农产品质量安全工作实际，规定了一系列的监管制度，包括各级政府及其农业部门以及其他相关职能部门配合的管理体制、农产品质量安全信息发布制度、农产品生产记录制度、农产品包装与标识制度、农产品质量安全市场准入制度、农产品质量安全监测和监督检查制度、农产品质量安全事故报告制度和农产品质量安全责任追究制度等。

《农产品质量安全法》明确规定了县级以上人民政府农业行政主管部门负责农产品质量安全的监督管理工作，县级以上人民政府相关部门按照职责分工负责农产品质量安全的有关工作；国务院农业行业行政主管部门要设立农产品质量安全风险评估专家委员会，对可能影响农产品质量安全的潜在危害进行风险分析和评估；授权国务院农业行政主管部门和省、自治区、直辖市人民政府农业行政主管部门发布农产品质量安全状况信息，还明确规定了不符合农产品质量安全标准和国家有关强制性技术规范的农产品不得上市销售的五种情形；同时，对农产品质量安全管理的公共财政投入、农产品质量安全科学研究与技术推广、农产品质量安全标准的强制性措施、农产品的标准化生产、农业投入品的监督抽查和合理使用也作出了规定。

## 仓储过程中农产品质量安全的管理

无论采用什么方式和方法储藏农产品，都包括入库前、入库中、入库后的管理。

- **入库前的准备** 对农产品进行合理的收获和入库前的处理，包括分级、分类、晾晒等，合理安排摆放位置和程序，尽力减少两次集运、避免返回、对流运输；备好仓库、器械，做好仓库、货场的清理、归并、整修、加固和清洁消毒；做好培训，提高收购人员的素质。
- **入库中的管理** 对入库的农产品进行严格的检验，挑出质次劣变的产品，对其进行合理摆放并详细记录。

- **入库后的管理**　入库后的管理是农产品储藏质量安全控制的核心环节，要合理地控制温湿度，防止虫、螨、鼠、霉等有害生物的啮食和侵害，防止各种人为的、自然的灾害，如偷盗、水灾、火灾等，定期对农产品质量检查，根据现实情况尽快合理解决不良变化。

- **出库时的管理**　要对产品种类和质量、车辆卫生状况、出货单据进行严格核准，防止错发、错运或是延误时间。

## 运输过程中农产品质量安全的管理

运输农产品的车辆、容器、工具等都要安全无害，要防雨、防霉、防毒，运输粮食、蔬菜、鱼肉的车辆和工具最好能专用。

运输过程中，食用农产品要分类放置，避免相互污染和串味，切忌与农药、化肥等货物一起运输；要适当分级和包装，提高产品的美观度和一致性，要轻拿轻放轻卸；要防热、防晒、防冻、防淋、防蝇、防鼠、防蟑螂、防尘等；运输活的动物，要防止拥挤，如果路途遥远，要提供足够的饮用水、空气和饲料；要完善卫生安全监督机制，强化管理。

## 合理组织鲜活易腐农产品运输

鲜活易腐农产品的运输要使用专门的运输工具，以保证维持特定的温度，或是供给饲料、饮水，以防止农产品的腐败、变质、损伤，甚至死亡。具体来讲，鲜活易腐农产品运输过程中，要注意以下问题：

- 运输前对鲜活农产品进行适当的包装，并对包装状况进行检查，包装要根据农产品的性质、质量、运输距离、运输工具和气候条件来确定。

- 运输前对鲜活易腐农产品进行质量检查，查看是否符合运输的要求，对新鲜水果、蔬菜等，要检查有无腐烂、裂碎、损伤、干枯、水湿、过热等问题；对动物产品，看其是否新鲜，有无异味，检查合格的农产品才能运输。

- 运输时，要满足鲜活农产品的环境温湿度要求，根据农产品的种类、性质、状态、产地、生产季节、运输时间来确定运输时的温度和湿度。

- 农产品运到目的地后，要对农产品进行严格检查，把需要冷藏的农产品直接转运或是在冷库中暂存，其他产品要分级分批储存，剔除腐败的农产品。

## 话题3　无公害农产品质量安全认证

### 什么是无公害农产品

为解决我国农产品基本质量安全问题，经国务院批准，农业部于2001年启动“无公害食品行动计划”，并于2003年开展了全国统一标志的无公害农产品认证工作。目前，无公害农产品认证已成为许多大中城市农产品市场准入的重要条件。无公害农产品是指产地环境、生产过程、产品质量符合国家有关标准和规范的要求，经认证合格而获得认证证书并允许使用无公害农产品标志的未经加工或初加工的食用农产品；也可以说是源于良好生态环境，按照专门的生产（养殖、栽培）技术规程生产或加工，无有害物质残留或残留控制在一定范围之内，经专门机构检测，符合标准规定的卫生质量指标，并许可使用专门标志的农产品。

## 无公害农产品标志及含义

图1—4是无公害农产品的标志，主要由麦穗、对勾和无公害农产品字样组成。麦穗代表农产品，对勾表示合格，金色寓意成熟和丰收，绿色象征环保和安全。无公害农产品是经过农业部农产品质量安全中心认证的，凡是认证的产品在市场上销售时一定要有全国统一的无公害农产品标志。辨别无公害农产品标志的真伪，可以通过登陆中国产品质量安全网（http：//www. aqsc. gov. cn）进行防伪标识查询。通过查询不但能辨别标志的真伪，而且还能了解认证产品的生产厂家、产品名称、品牌等相关信息。

图1—4　无公害农产品标志

## 生产无公害农产品禁用的农药

生产无公害农产品主要要强化科学合理用药意识、推广病虫害综合防治技术、推广新农药和新的施药用具。尽量使用高效、低毒、低残留的新型农药，利用生物技术降解残留药物，要避免过量用药和滥用农药、兽药，在安全期进行农产品的收获。

生产无公害农产品，禁止使用以下农药：

● 国家明令禁止使用的农药：六六六，滴滴涕，毒杀芬，二溴氯丙烷，杀虫脒，二溴乙烷，除草醚，艾氏剂，狄氏剂，汞制剂，砷、铅类，敌枯双，氯乙酸胺，甘氟，毒鼠强，氟乙酸钠，毒鼠硅。

● 在蔬菜、果树、茶叶、中草药材上不得使用和限制使用的农药：甲胺磷，甲基对硫磷，对硫磷，久效磷，磷胺，甲拌磷，甲基异柳磷，特丁硫磷，甲基硫环磷，治螟磷，内吸磷，克百威，涕灭威，灭线磷，硫环磷，蝇毒磷，地虫硫磷，氯唑磷，苯线磷19种高毒农药不得用于蔬菜、果树、茶叶、中草药材上。三氯杀螨醉，氰戊菊酯不得用于茶树上。

● 生产无公害蔬菜韭菜、白菜、甘蓝类（结球甘蓝、花椰菜、青花菜）禁用农药品种：杀螟威、异丙磷、三硫磷、氧化乐果、磷化锌、磷化铝、氰化物、砒霜、西力生、赛力散、溃疡净、氯化苦、五氯酚、401、氯丹等。

● 生产无公害蔬菜茄果类（番茄、茄子、青椒）禁用农药品种：氰化物、磷化铅、氯丹、杀螟磷、异丙磷、三硫磷、氧化乐果、磷化锌、水胺硫磷、三氯杀螨醇、灭多威、西力生、赛力散、溃疡净、五氯酚钠等。

● 生产无公害蔬菜菠菜、芹菜、胡萝卜禁用农药品种：毒杀芬。

## 生产无公害农产品的施肥要求

农业生产中，要严格按照生产无公害农产品的相关标准，无公害农作物以施有机肥为主，化肥为辅；以多元复合肥为主，单元肥料为辅；以施基肥为主，追肥为辅。

表 1—3　　无公害农作物可以施用的肥料类型和种类

| 肥料种类 | 具体举例 |
|---|---|
| 有机肥 | 堆肥、厩肥、沼气肥、绿肥、作物秸秆、泥肥、饼肥等 |
| 化肥 | 硫酸铵、尿素、过磷酸钙、硫酸钾等，复合肥或是专用肥 |
| 生物菌肥 | 包括腐殖酸类肥料、根瘤菌肥料、磷细菌肥料、复合微生物肥料等 |
| 微量元素肥料 | 以铜、铁、硼、锌、锰等微量元素及有益元素为主配制的肥料 |
| 其他肥料 | 骨粉、氨基酸残渣、家畜加工废料、糖厂废料等 |

生产无公害农产品，禁止使用以下肥料：

- 垃圾肥，即以城市、医院、工业区垃圾、有毒污泥等为有机原料制成的有机肥；
- 未腐熟的人粪尿；
- 未腐熟的饼肥；
- 废酸磷肥，以废酸（硫酸、磷酸）生产的过磷酸钙或其他磷肥；
- 含激素或激素类叶面肥料；
- 忌氯作物（洋芋、烟草、柑橘、西瓜等）禁施含氯肥料（氯化氨、氯化钾、含氯的复混肥料）；
- 在蔬菜生产中，禁止施用含硝态氮的肥料（包括硝酸氨、硝酸钾复合肥及硝态氮的复混肥料）。

## 生产无公害畜产品对饲料的要求

饲料及其原料应具有一定的新鲜度，具有该品种应有的色、嗅、味和组织形态特征，无发霉、变质、结块、异味及异嗅。饲料中有害物质及微生物允许量应符合《饲料卫生标准》（GB 13078—2001）及相关标准的要求。严禁使用含有明令禁用的激素、有毒（害）重金属、抗生素类等物质的饲料。

## 生产无公害畜产品对兽药的要求

生产无公害食用动物产品，禁止使用以下兽药：

- 兴奋剂类：克仑特罗（Clenbuterol）、沙丁胺醇（Salbutamol）、西马特罗（Cimaterol）及其盐、酯及制剂。
- 性激素类：已烯雌酚（Diethylstilbestrol）及其盐、酯及制剂。
- 具有雌激素样作用的物质：玉米赤霉醇（Zeranol）、去甲雄三烯醇酮（Trenbolone）、醋酸甲孕酮（MengestrolAcetate）及制剂。
- 氯霉素（Chloramphenicol）及其盐、酯［包括：琥珀氯霉素（Chloramphenicol Succinate）］及制剂。
- 氨苯砜（Dapsone）及制剂。
- 硝基呋喃类：呋喃唑酮（Furazolidone）、呋喃它酮（Furaltadone）、呋喃苯烯酸钠（Nifurstyrenate sodium）及制剂。
- 硝基化合物：硝基酚钠（Sodium nitrophenolate）、硝呋烯腙（Nitrovin）及制剂。
- 催眠、镇静类：安眠酮（Methaqualone）及制剂。
- 林丹［丙体六六六（Lindane）］杀虫剂。
- 毒杀芬［氯化烯（Camahechlor）］杀虫剂、清塘剂。
- 呋喃丹［克百威（Carbofuran）］杀虫剂。
- 杀虫脒［克死螨（Chlordimeform）］杀虫剂。

● 双甲脒（Amitraz）杀虫剂，在水生食品动物中禁止使用。

● 酒石酸锑钾（Antimony potassium tartrate）杀虫剂。

● 锥虫胂胺（Tryparsamide）杀虫剂。

● 孔雀石绿（Malachite green）抗菌、杀虫剂。

● 五氯酚酸钠（Pentachlorophenol sodium）杀螺剂。

● 各种汞制剂包括：氯化亚汞［甘汞（Calomel）］、硝酸亚汞（Mercurousnitrate）、醋酸汞（Mercurous acetate）、吡啶基醋酸汞（Pyridyl mercurous acetate）杀虫剂。

● 性激素类：甲基睾丸酮（Methyltestosterone）、丙酸睾酮（Testosterone Propionate）苯丙酸诺龙（Nandrolone Phenylpropionate）、苯甲酸雌二醇（Estradiol Benzoate）及其盐、酯及制剂，禁止用于促进动物生长。

● 催眠、镇静类：氯丙嗪（Chlorpromazine）、地西泮［安定（Diazepam）］及其盐、酯及制剂，禁止用于促进动物生长。

● 硝基咪唑类：甲硝唑（Metronidazole）、地美硝唑（Dimetronidazole）及其盐、酯及制剂，禁止用于促进动物生长。

注：食品动物是指各种供人食用或其产品供人食用的动物

## 什么是无公害农产品认证

无公害农产品认证是政府行为，依据国家认证认可制度和相关政策法规、程序和无公害食品标准，对未经加工或初加工的食用农产品的产地环境、农业投入品、生产过程和产品质量进行全程审查验证，由省级以上农业行政主管部门组织完成无公害农产品产地认定（包括产地环境监测），并向评定合格的农产品颁发“无公害农产品产地认定证书”，允许使用全国统一的无公害农产品标志，认证不收任何费用。

## 无公害农产品认证程序

无公害农产品认证主要遵循以下程序：

• 省级承办机构接收“无公害农产品产地认定与产品认证申请书”。可登录中国农产品质量安全网（http://www.aqsc.gov.cn），下载相关表格及附报材料后，审查材料是否齐全、完整，核实材料内容是否真实、准确，生产过程是否有禁用农业投入品使用和投入品使用不规范的行为；

• 无公害农产品定点检测机构进行抽样、检测；

• 农业部农产品质量安全中心所属专业认证分中心对省级承办机构提交的初审情况和相关申请材料进行复查，对生产过程控制措施的可行性、生产记录档案和产品（检测报告）的符合性进行审查；

• 农业部农产品质量安全中心根据专业认证分中心审查情况，组织召开“认证评审专家会”进行最终评审；

• 农业部农产品质量安全中心颁发认证证书、核发认证标志，并由农业部和国家认监委联合公告。

## 无公害农产品认证需要提交的材料

在“无公害农产品产地认定与产品认证申请书”中规定需附报以下材料：

• 国家法律法规规定申请者必须具备的资质证明文件，

如营业执照、卫生许可证、动物防疫证、屠宰证、水产养殖证等。

- 以乡镇人民政府作为申请人的，应当出具证明并加盖乡镇人民政府公章，负责人签字确认。
- 无公害农产品质量控制措施。
- 无公害农产品生产操作规程，多种产品同时申报的，需提供每种产品的生产操作规程。
- “产地环境检验报告”和“产地环境现状评价报告”（由省级工作机构委托、农业部农产品质量安全中心备案的产地环境检测机构出具），或符合无公害农产品产地要求的“产地环境调查报告”。
- “产品检验报告”（由农业部农产品质量安全中心委托的产品检测机构出具，有效期一年）。
- 要求提交的其他有关材料。

## 话题4　绿色食品质量安全认证

### 什么是绿色食品

绿色食品并不是专指绿色的食品，而是指在无污染的条件下种植、养殖，施有机肥料，不用高毒性、高残留农药，在标准环境、生产技术、卫生标准下加工生产，经权威机构认定并使用专门标识的安全、优质、营养类食品。总之，绿色食品既包括初级的动植物产品，也包括次级深加工产品；在颜色外观上既有绿色的产品（如蔬菜绿色食品等），又有黑色（黑五类绿色食品等）、白色（如牛奶绿色食品等）或其他颜色的产品。绿色食品区分为AA级和A级，见表1—4。

表 1—4　　　　绿色食品分级

| 绿色食品分级 | 标　准 |
| --- | --- |
| A 级绿色食品 | 指在生态环境质量符合规定标准的产地，生产过程中允许限量使用限定的化学合成物质，按特定的操作规程生产、加工，产品质量及包装经检测、检验符合特定标准，并经专门机构认定，许可使用 A 级绿色食品标志的产品 |
| AA 级绿色食品 | 指在环境质量符合规定标准的产地，生产过程中不使用任何有害化学合成物质，按特定的操作规程生产、加工，产品质量及包装经检测、检验符合特定标准，并经专门机构认定，许可使用 AA 级绿色食品标志的产品 |

AA 级绿色食品标准已经达到甚至超过国际有机农业运动联盟（IFOAM）的有机食品的基本要求。

## 绿色食品标志及含义

绿色食品的标志由三部分组成，即上方的太阳、下方的叶片和中心的蓓蕾，象征自然生态；颜色为绿色，象征着生命、农业、环保；图形为正圆形，意为保护，如图 1—5 所示。绿标图形描绘了一幅明媚阳光照耀下的和谐生机，告诉人们绿色食品正是出自纯净、良好生态环境的安全无污染食品，能给人们带来蓬勃的生命力。同时还提醒人们要保护环境，通过改善人与自然的关系，创造自然界的和谐。可通过产品包装的四项标注内容来识别绿色食品。即图形商标、文字商标、绿色食品标志许可使用编号和“经中国绿色食品发展中心许可使用”字样。具体可登录中国绿色食品网查询（http：//www. greenfood. org. cn）。

图 1—5　绿色食品标志

## 绿色食品标志编码的含义

为了适应绿色食品事业发展和加强绿色食品标志管理的需要，2002 年绿色食品实行了新的产品编号方法，标志编号形式如下：

LB－XX－XX XX XX XXXX A（AA）

LB 为标志代码，横线中间的两位数字代表产品分类，后面的数字依次 1、2 位代表批准年度，3、4 位代表为批准月份，5、6 位代表省份国别，7～10 位代表产品序号，A（AA）代表产品分级。

## 哪些产品可以进行绿色食品产品认证

绿色食品标志是中国绿色食品发展中心在国家工商行政管理总局商标局注册的证明商标，受《中华人民共和国商标法》保护，中国绿色食品发展中心作为商标注册人享有专用权，包括独占权、转让权、许可权和继承权。未经注册人许可，任何单位和个人不得使用。按国家商标类别划分的第29、30、31、32、33类中的大多数产品均可申报绿色食品标志，如第29类的肉、家禽、水产品、奶及奶制品、食用油脂等，第30类的食盐、酱油、醋、米、面粉及其他谷物类制品、豆制品、调味用香料等，第31类的新鲜蔬菜、水果、干果、种子、活生物等，第32类的啤酒、矿泉水、水果饮料及果汁、固体饮料等，第33类的含酒精饮料等。新近开发的一些新产品，只要经卫生部以“食”字或“健”字登记的，均可申报绿色食品标志。经卫生部公告的既是食品又是药品的品种，如紫苏、菊花、白果、陈皮、红花等，也可申报绿色食品标志。药品、香烟不可申报绿色食品标志。按照绿色食品标准，暂不受理厥菜、方便面、火腿肠、叶菜类酱菜的申报。

## 绿色食品认证的程序

按照《绿色食品标志管理办法》(农业部［1993农（绿）字第1号］）的要求，申请使用绿色食品标志的程序如下：

- 申请人填写“绿色食品标志使用申请书”一式两份，报所在省、市、区绿色食品办公室并提交有关材料。

- 省、市、区绿色食品办公室标志专职管理人员赴申报单位进行实地考察。考察合格，绿色食品办公室委托定点环境监测机构对该产品或产品原料的产地进行环境监测与评价。

- 省、市、区绿色食品标志专职管理人员结合考察情况及环境评价结果对申请材料进行初审，并将初审合格的材料报中国绿色食品发展中心。

- 中国绿色食品发展中心对申报材料进行审核，合格的通知省、市、区绿色食品办公室对申报产品进行抽样，并由中国绿色食品发展中心委托的定点食品检测机构依据绿色食品标准进行检测。

- 中国绿色食品发展中心对检测合格的产品进行终审。
- 终审合格的申请者与中国绿色食品发展中心签订“绿色食品标志使用协议书”，不合格者，当年不再受理其申请。
- 中国绿色食品发展中心对申报合格的产品进行登记编号，颁发绿色食品标志使用证书，并予以公告。
- 申请人对环境监测结果或产品抽样结果有异议，可向中国绿色食品发展中心提出仲裁检测申请。中国绿色食品发展中心委托两家或两家以上的定点监测机构对其重新检测，并依据有关规定作出裁决。

## 绿色食品认证应提交的材料

- 申请者填写的“绿色食品标志使用申请书”和“企业生产情况调查表”。
- 省、市、区绿色食品办公室的考察报告及“企业情况调查表”。
- 环境监测机构的“农业环境质量现状调查分析报告”“农业环境质量监测报告”及“农业环境质量现状评价报告”(附监测布点图、委托书)。
- 产品及产品原料生产（种植、养殖）技术操作规程及产品加工操作规程。
- 产品及产品原料生产（种植、养殖）技术操作规程及产品加工操作规程。
- 企业管理手册。
- 企业营业执照、商标注册证、卫生许可证的复印件。

- 产品主要原料的供销合同。
- 产品包装形式。

## 话题5　有机食品质量安全认证

### 什么是有机食品

有机食品是指以获得有机认证的农产品或野生产品为原料，按照有机食品生成、加工标准生产加工出来，并经有资质的认证机构认证的食品。有机食品包括谷物、蔬菜、水果、饮料、畜禽产品、调料、食用菌、蜂蜜、水产品等。有机食品最大的特点就是在原料生产与产品加工过程中不使用任何人工合成的农药、化肥、除草剂、生长激素、防腐剂和合成添加剂等化学物质。有机食品通常需要具备以下4个条件：

- 原料必须来自于已建立的有机农业生产体系，或是采用有机方式采集的野生天然产品。
- 在整个产品生产过程中严格遵循有机食品的加工、包装、储藏、运输标准。
- 生产者在有机食品生产和流通过程中，有完善的质量控制和跟踪审查体系，有完整的生产和销售记录档案。
- 必须通过有资质的有机认证机构的认证。

### 有机食品认证程序

有机食品认证属于产品认证的范畴，虽然各认证机构的认证程序有一定差异，但根据《中华人民共和国认证认可条例》、国家质量监督检验检疫总局《有机产品认证管理办法》、国家认证认可监督管理委员会《有机产品认证实施规则》和中国认证机构国家认可委员会《产品认证机构通用要求：有机产品认证的应用指南》的要求以及国际通行做法，有机食品认证的模式通常为“过程检查+必要的产品和产地环境检测+证后监督”。

认证程序一般包括认证申请和受理、检查准备与实施、合格评定和认证决定、监督与管理认证主要流程。广义的有机食品除包括可食用的有机食品外，还包括农药、肥料、饲料添加剂、兽药、渔药等农业生产资料及其他产品，其认证程序与有机食品认证程序相同。

## 有机产品标志及含义

“中国有机产品标志”和“中国有机转换产品标志”的主要图案由三部分组成，及外围的圆形、中间的种子图形及其周围的环形线条，如图1—6所示。

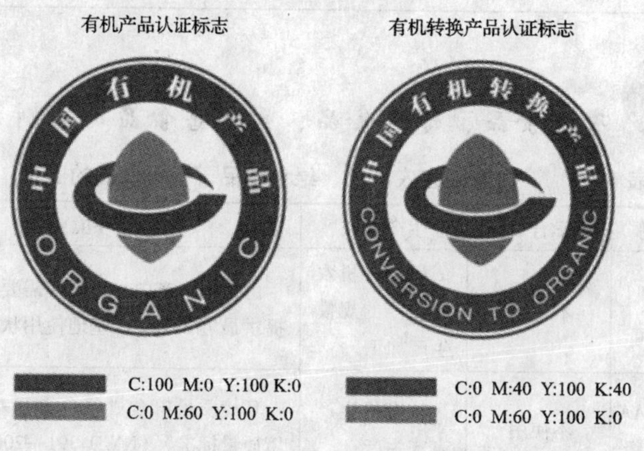


图1—6 中国有机产品标志和中国有机转换产品标志

**小资料** 标志外围的圆形形似地球，象征和谐、安全，圆形中的“中国有机产品”和“中国有机转换产品”字样为中英文结合方式。既表示中国有机产品与世界同行，也有利于国内外消费者识别。

标志中间类似种子的图形代表生命萌发之际的勃勃生机，象征了有机产品是从种子开始的全过程认证，同时昭示出有机产品就如同刚刚萌生的种子，正在中国大地上茁壮成长。

种子图形周围圆润自如的线条象征环形的道路，与种子图形合并构成汉字“中”，体现出有机产品植根中国，有机之路越走越宽广。同时，处于平面的环形又是英文字母“C”的变体，种子形状也是“O”的变形，意为“China Organic”。

绿色代表环保、健康，表示有机产品给人类的生态环境带来完美与协调。橘红色代表旺盛的生命力，表示有机产品对可持续发展的作用。“中国有机转换产品认证标志”中的褐黄色代表肥沃的土地，表示有机产品在肥沃的土壤上不断发展。

## 有机食品、绿色食品、无公害食品的区别

表 1—5　　无公害农产品、绿色食品、有机食品的区别

| 名称 | | 化学合成品 | 生产方式 | 产地环境 |
|---|---|---|---|---|
| 有机食品 | | 不使用 | 根据有机农业生产的规模生产加工 | 由常规生产向有机生产需要转换，提供最近 3 年生产基地使用状况 |
| 绿色食品 | AA级 | 不使用 | 按有机生产方式生产 | 环境质量符合《绿色食品基地环境质量标准》（NY/T 391—2000） |

续表

| 名称 | | 化学合成品 | 生产方式 | 产地环境 |
|---|---|---|---|---|
| 绿色食品 | A级 | 限量使用限定的化学合成生产资料 | 按《绿色食品食品添加剂使用准则》（NY/T 392—394）和生产操作规程进行 | 环境质量符合《绿色食品基地环境质量标准》（NY/T 391—2000） |
| 无公害农产品 | | 有毒有害物质控制在标准规定限量范围之内 | | 产地环境要求符合《农产品质量安全　无公害蔬菜产地环境要求》（GB/T 18407.1—2001）、《农产品质量质量安全　无公害水果产地环境要求》（GB/T 18407.2—2001）、《农产品质量安全　无公害畜禽产地环境要求》（GB/T 18407.3—2001）、《农产品质量安全　无公害水果产地环境要求》（GB/T 18407.4—2001）、《农产品质量安全　无公害乳与乳制品产地环境要求》（GB/T 18407.5—2003） |

无公害农产品、绿色食品以及有机食品三者的共同特征是生产基地环境清洁化、生产过程生态化、管理制度化、产品标志化，即产地环境符合标准、生产遵循相应的技术规程、产品符合卫生标准、经过有关部门认证获取标志使用资格，实行从“土地到餐桌”全过程管理。三者生产环境的标准有差别、生产过程控制的程度以及认证机构不同。无公害农产品采取的标准是满足人体健康的基本标准，有机食品则要求

完全不采用化学合成的生产物质，如农药、化肥、生长调节剂、畜禽饲料添加剂等，要求非常严格。绿色食品则介于无公害农产品和有机食品之间，绿色食品 A 级与无公害农产品差不多，绿色 AA 级则与有机食品相近，只是认证机构不一样。

> 从字面上看，无公害农产品可以理解为“不会对公共健康造成危害的农产品”，因此，市场上的无公害农产品、绿色食品、有机食品等，它们都是广义的无公害农产品。本书所指的无公害农产品是指广义的无公害农产品，包括绿色食品、有机食品。

## 话题 6　农产品地理标志

### 什么是农产品地理标志

农业部于 2007 年 12 月 25 日颁布了《农产品地理标志管理办法》（以下简称《办法》，并于 2008 年 2 月 1 日起施行）。该办法中对农产品地理标志作了明确的定义：农产品地理标志是指标示农产品来源于特定地域，产品品质和相关特征主要取决于自然生态环境和历史人文因素，并以地域名称冠名的特有的农产品标志。此处所称的农产品是指来源于农业的初级产品，即在农业活动中获得的植物、动物、微生物及其产品。地理标志的基本特征有三点：

- 标明了商品或服务的真实来源（即原产地的地理位置）；
- 该商品或服务具有独特品质、声誉或其他特点；
- 该品质或特点本质上可归因于其特殊的地理来源。

**小资料** 地理标志是一个地域的名称，属于这个地域共有，而不属于某个特定的企业或公民个人独特享有。农产品地理标志的权利主体是地理标志所指定区域的相关组织，除相关团体和法人外，还应当包括地方政府相关职能机构及地方政府委托的机构。按照国际惯例，地理标志原则上不能用作注册商标。

## 农产品地理标志及含义

我国农产品地理标志基本图案由中华人民共和国农业部中英文字样、农产品地理标志中英文字样和麦穗、地球、日月图案等元素构成，如图 1—7 所示。公共标志的核心元素为麦穗、地球、日月相互辉映，麦穗代表生命与农产品，同时从整体上看是一个地球在宇宙中的运动状态，代表了农产品地理标志和地球、人类共存的内涵。标志的颜色由绿色和橙色组成，绿色象征农业和环境保护，橙色寓意丰收和成熟。

图 1—7　农产品地理标志

## 申请地理标志登记的农产品应当符合哪些条件

申请地理标志登记的农产品，应当符合下列条件：

- 称谓由地理区域名称和农产品通用名称构成。
- 产品有独特的品质特性或者特定的生产方式。

• 产品品质和特色主要取决于独特的自然。生态环境和人文历史因素，产品有限定的生产区域范围，产地环境、产品质量符合国家强制性技术规范要求。

## 申请农产品地理标志登记的程序

• 农产品地理标志登记申请人（以下简称“申请人”）应当符合《办法》第 8 条规定的条件，由县级以上地方人民政府择优确定并出具相应的资格确认文件。申请登记的农产品生产区域在县域范围内的，由申请人提供县级人民政府出具的资格确认文件；跨县域的，由申请人提供地市级以上地方人民政府出具的资格确认文件。

• 申请人应当根据申请登记的农产品分布情况和品质特性，科学合理地确定申请登记的农产品地域范围，包括具体的地理位置、涉及村镇和区域边界；报出具体资格确认文件的地方人民政府农业行政主管部门审核，出具地域范围确定性文件。

• 申请人应当根据申请登记的农产品产地环境特性和产品品质典型特征，制定相应的质量控制技术规范，包括产地环境条件、生产技术规范和质量安全技术规范。

• 申请人应当向省级农业行政主管部门提出登记申请，并提交相关材料。

## 农产品地理标志登记申请需要提交哪些材料

符合农产品地理标志登记条件的申请人，可以向省级人民政府农业行政主管部门提出登记申请，并提交下列申请材料一式3份：

- 登记申请书；
- 申请人资质证明；
- 产品典型特征特性描述和相应产品品质鉴定报告；
- 产地环境条件、生产技术规范和产品质量安全技术规范；
- 地域范围确定性文件和生产地域分布图；
- 产品实物样品或者样品图片；
- 其他必要的说明性或者证明性材料。

## 话题7 农业转基因生物标识

### 什么是农业转基因农产品

转基因农产品是利用基因工程技术改造农作物或是养殖动物而获得的农产品。根据国务院《农业转基因生物安全管理条例》（2001年5月9日国务院第38次常务会议通过，2001年5月23日公布施行）的规定，农业转基因生物，是指利用基因工程技术改变基因组的构成，用于农业生产或农产品加工的动植物、微生物及其产品，主要包括：

- 转基因动植物（含种子、种畜禽、水产、种苗）和微生物；
- 转基因动植物、微生物产品；
- 转基因农产品的直接加工品；
- 转基因动植物、微生物或是其产品成分的种子、种畜禽、水产种苗、农药、兽药、肥料和添加剂等产品。

转基因农产品存在极大的安全不确定性，其转基因生物安全主要是要防范农业转基因生物对人类、动植物、微生物和生态环境构成危害或是潜在的危害。

为了加强农业转基因生物安全管理，保障人体健康和动植物、微生物安全，保护生态环境，保护消费者的知情权，国家对农业转基因生物实行分级管理评价制度和标识制度。

## 农业转基因生物标识的标注方法

- 转基因动植物（含种子、种畜禽、水产苗种）和微生物，转基因动植物、微生物产品，含有转基因动植物、微生物或者其产品成分的种子、种畜禽、水产苗种、农药、兽药、肥料和添加剂等产品，直接标注“转基因××”。
- 转基因农产品的直接加工品，标注“转基因××加工品（制成品）”或者“加工原料为转基因××”。
- 用农业转基因生物或用含有农业转基因生物成分的产品加工制成的产品，但最终销售产品中已不再含有或检测不出转基因成分的产品，标注为“本产品为转基因××加工制成，但本产品中已不再含有转基因成分”，或者标注为“本产品加工原料中有转基因××，但本产品中已不再含有转基因成分”。
- 农业转基因生物标识应当醒目，并和产品的包装、标签同时设计和印制。
- 有特殊销售范围要求的农业转基因生物，还应当明确标注销售的范围，可标注为“仅限于××销售（生产、加工、使用）”。
- 农业转基因生物标识应当使用规范的中文汉字标注。

# 第二讲

# 粮食生产加工与运输安全

## 话题 1　粮食生产及加工

### 我国主要粮食种类有哪些

粮食作物也称为禾谷类作物，我国粮食种类丰富，约有 170 多属，600 多种。主要介绍以下四种。

• **稻谷：**稻谷属于禾本科、稻属的一年草本植物。我国是世界上最大的稻谷生产国和消费国，每年的稻谷产量约占世界产量的 1/3，占我国粮食产量的 2/5。稻谷的品种繁多，按照国家标准《稻谷》（GB 1350—2009）规定，稻谷分为早籼稻谷、晚籼稻谷、粳稻谷、籼糯稻谷、粳糯稻谷五类。特种稻米是指普通稻米以外的多种稻米，包括色稻米、香稻米和专用稻米三类，其品种数量占水稻种类资源的 10% 左右。

**小资料**　色稻米是指有颜色的米，如黑米、紫米、红米；香米是指米粒含有香味的稻米，如泰国香米；专用稻米是指专门用于食品工业加工用的稻米，如酒米。

• **小麦：**小麦属于禾本科、小麦属，原产地为西亚和中亚。小麦属内的分类，按照形态特征分为普通小麦、密穗小麦、圆锥小麦、硬粒小麦和云南小麦、波兰小麦6个种。我国栽培小麦的历史悠久，小麦品种资源极为丰富，全国有7 000多个品种，其中普通小麦占绝大多数，为90%以上，分布于全国各地。

• **玉米：**玉米又名玉蜀黍、包谷、苞米、玉茭等，属于禾本科玉米属。是世界上广泛栽培的农作物。玉米是世界三大主要粮食作物之一，也是饲养业和加工业的重要原料。其种植面积和产量仅次于小麦和水稻而位居第三位，在我国仅次于水稻，总产和单产均居粮食作物之首。玉米籽粒根据其形态、胚乳的结构以及颖壳的有无可分为9种类型：硬粒型（也称燧石型）、马齿型（也称马牙型）、半马齿型（也称中间型）、粉质型（也称软质型）、甜质型（也称甜玉米）、甜粉型、蜡质型（又名糯质型）、爆裂型、有稃型。

• **大豆：**大豆为豆科大豆属一年生草本植物，原产我国。其种子含有丰富的蛋白质，是有豆荚类谷物的总称。俗称中的大豆，一般都指其种子而言。我国栽培的大豆品质多，按其播种季节的不同，可分为春大豆、夏大豆、秋大豆和冬大豆四类，但春大豆占多数。按大豆的用途可分为食用大豆和饲用大豆两类，食用大豆中又分为油用大豆、副食和粮食用大豆、蔬菜用大豆及罐头用大豆四类。按颜色可分为黄、棕、绿、黑、花色等种类。粮油部门为了经营管理上的方便，在编排商品的目录和统计工作中根据大豆的颜色分为黄豆、青豆和黑豆三种，棕、褐豆等划规黑豆之类。

黑色的叫做乌豆，可以入药，也可以充饥，还可以做成豆豉；黄色的可以做成豆腐，也可以榨油或做成豆瓣酱；其他颜色的都可以炒熟食用。

## 我国市场上流通的主要粮食产品

目前我国市场上流通粮食产品主要以以上四种类型为原料，即：

主要粮食产品类型
- 大米制品
- 小麦制品
- 玉米制品
- 大豆制品

主要大米制品分为大米初加工制品和精深加工制品两类。

大米制品
- 初加工：米糕、粽子、米粉、米线等大米小吃制品等
- 精深加工
  - 大米食疗产品：大米药膳、药粥等
  - 大米方便制品：方便米饭、断乳米食品、八宝粥等
  - 其他大米制品：米糖、米香肠、米酒系列产品

**小资料** 小麦传统加工是制粉，在制粉过程中产生面粉、麸皮、麦胚芽等产品，这些产品被广泛运用于食品、饲料、医药等工业，近年来也有将小麦直接加工成早餐食品和方便小食品。

此外，玉米食品种类的开发，玉米的加工工业正蓬勃兴起，玉米正在变成一种热门的新兴食品，其品种多、式样新、味道好，深

受群众欢迎。国外利用玉米生产的食品很多，如玉米膨化食品、玉米片、玉米方便食品、速食玉米、玉米馅糕点等，我国以玉米为原料的综合加工品有：玉米淀粉、玉米油、玉米酒精等。

大豆的食用价值极高，早在先秦时代，人们就知道把大豆煮熟发酵制成豆豉，到了西汉发明了豆腐，以后又出现了大豆制酱、制酱油等。目前，大豆可以加工成各类食品，如豆腐、豆芽、豆腐脑、豆浆、豆奶、豆油、腐竹等；加工豆油后的豆饼还可以再加工成人造奶油和磷脂，再用磷脂制作出巧克力糖果；豆饼还可以生产酱油，在不增加设备，不改变工艺的情况下，只需引进新菌种，即可生产特级酱油。

## 稻谷的加工流程

稻谷加工是指把稻谷加工成成品大米的整个生产过程，它是根据稻谷加工的特点和要求、按照一定的加工顺序组合而成的生产作业线，主要由稻谷清理、砻谷及砻下物分离、碾米及成品整理三个工段组成。其工艺流程如下：

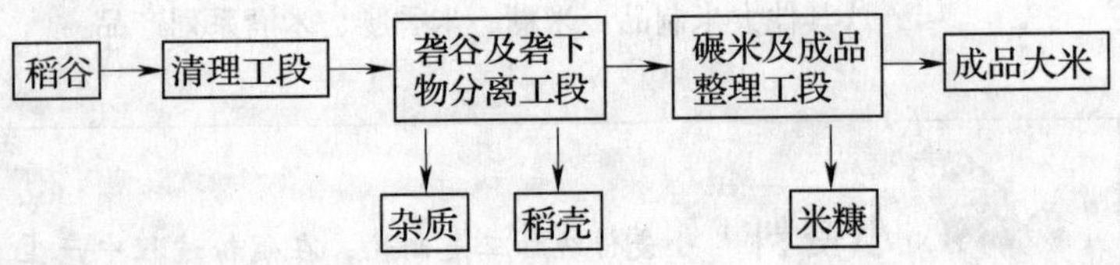


**小资料** 工段是指工厂的一个车间内按生产过程划分的基本生产阶段，每个工段包括若干工序。

● **清理工段** 该工段的主要任务是以最经济合理的工艺流程，清除稻谷中各种杂质，以达到砻谷前净谷质量的指标要求。清理工段一般包括初清、除稗、去石、磁选等工序。混入稻谷的各种杂质中，以粒形、大小与稻谷相似的“并肩石”“并肩泥”，最难清除。

> 初清的目的是清除稻谷中易于清理的大、小轻杂；除稗的目的是清除稻谷中含的稗籽；去石的目的是清除稻谷中所含的“并肩石”；磁选的目的是清除稻谷中的磁性金属杂质。

稻谷清理的方法很多，主要有风选、筛选和磁选等。在生产实践中，“风筛结合，以筛为主”的方法是稻谷清理的有效方法。

● **砻谷及砻下物分离工段** 主要任务是脱壳，获得纯净的糙米，并使分离出的稻壳中尽量不含完整米粒。在稻谷加工过程中，去掉稻谷颖壳（俗称脱壳）的工序称为砻谷，砻谷后的产品称为砻下物。一般碾米厂都是将经过清理去杂后的稻谷，先脱去颖壳，制成纯净的糙米，然后再碾米。

● **碾米及成品整理工段** 主要任务是碾去糙米表面的部分或全部皮层，制成符合规定质量标准的成品米。碾米是稻谷加工最主要的一道工序，碾米工艺效果的好坏，直接影响整个碾米厂的经济效益。

## 小麦的制粉流程

小麦制粉工艺主要由小麦清理、水分调节和制粉三大工段组成。工艺流程为：

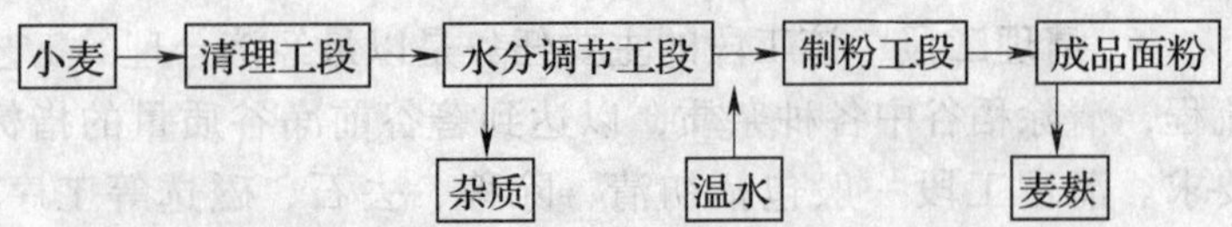


● **清理工段** 小麦中杂质的种类繁多，其清理的方法也较多。

小麦清理方法：
- 风选法：利用小麦与杂质的空气动力学特性的不同而除杂
- 筛选法：利用小麦与杂质粒度大小的不同而除杂
- 碾削法：利用旋转的粗糙表面清理表面灰尘或碾刮小麦麦皮而除杂
- 精选法：利用杂质与小麦的几何形状和长度不同而除杂
- 撞击法：采用杂质与小麦强度的不同而除杂
- 磁选法：利用小麦和杂质铁磁性的不同而除杂

● **水分调节工段** 水分调节是在小麦制粉前利用水、热和时间的作用，使小麦改善工艺性质、得到良好的制粉条件、保证面粉质量的必要工序。小麦水分调节的方法可分为室温水分调节和高温水分调节法两种。室温水分调节法是使小麦经过温水着水或洗麦后，进入润麦仓，以一定的时间润麦，使水分渗透在麦粒的各部分中，达到磨粉条件；而高温水分调节法则是将小麦水洗后，先经热水器进行加热处理，使水分渗透到小麦中，再对小麦进行着水和滴麦。国内广泛采用的是室温水分调节法。

● **制粉工段** 是小麦加工中提高出粉率和保证面粉质量的重要工序，主要包括小麦研磨、筛理和刷麸环节。

> 研磨是剥开麦粒，将胚乳磨细成粉并将附着在表皮上的粉粒刮干净；筛理是将每经过一道研磨后的物料进行分级处理；刷麸是使附着在麸皮上的胚乳刷下来。

在制粉过程中，最关键的环节是研磨系统，它由皮磨系统、渣磨系统和心磨系统组成。

> 皮磨是把麦渣磨成麦心和面粉，分离出带面粉较少的薄麸片；渣磨是研磨皮磨和渣磨没有磨细成粉的胚乳颗粒（麦心）；心磨是剥开麦粒，提出麦心和面粉，并刮净麸皮。

通过磨、筛、刷等粉路过程，将小麦制成面粉，将经过清理工序得到的净麦磨制成面粉的整个生产过程称为粉路。

## 什么是玉米联产加工

玉米联产加工是根据专用玉米的品质特性，将同一种玉米原粮可同时加工成玉米糁、玉米面、玉米胚等产品，可提高产品的出品率、增加产品加工品种及提高玉米的利用率等。该工艺属于玉米干法加工技术，主要由清理、去皮、脱胚、磨粉等生产工序组成。其工艺流程如下：

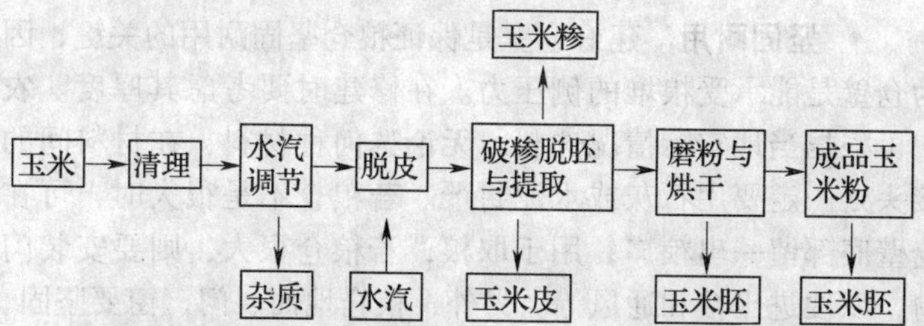


● **清理工序** 即清理杂质以保证生产过程的正常进行和产品的纯度。玉米的清理工序与稻谷、小麦清理有许多相同之处，主要是清理混合在玉米中的粉尘、砖瓦块、土块、石子、金属及其他杂质，主要方法有风选法、筛选法和磁选法等。

• **水汽调节工序** 其目的是为了有利于玉米脱皮，以减少玉米胚在脱皮过程中的破碎率。水分调节包括润水和润汽。

• **脱皮工序** 玉米脱皮分为干法脱皮和湿法脱皮两种，其中经水气调节预处理后再脱皮称为湿法脱皮，不经水气调节的称为干法脱皮。

• **破糁脱胚与提取** 将脱皮后的玉米破碎成大、中、小玉米糁，同时使玉米胚进行脱落。

• **磨粉与烘干** 在磨粉前提取了大糁、中糁和部分胚以后，其余的物料需进一步提胚和磨粉，提胚和磨粉要联合进行。玉米面粉可粗可细，要根据其使用要求和细度等选配设备，一般采用4～5级皮磨。

# 话题2 粮食储藏

## 农村安全储粮对设备的基本要求

• **坚固耐用** 建好仓壁是保证粮仓坚固耐用的关键，因为仓壁是能承受粮堆的侧压力。在修建时要考虑其厚度。农户可根据当地实际情况选料。无论选何种材料，在材料间的接头处一定要用石灰或水泥封严。若粮仓不是很大时，可在仓壁底部留一出粮口，用于取粮；若粮仓很大，则要安装门窗，以便进出粮和通风等。另外，粮仓地面、门、窗要坚固、齐全，能防老鼠、鸟类进入取食。

• **有一定隔热性能** 隔热性能良好能减少高温季节时气温对粮食温度的影响，从而使粮食保持相对较低的温度，有利于粮食的安全储藏。修石墙、双层墙或把粮仓建于室内背阳一侧，能达到较好的隔热性能。

● **防潮性能好** 粮食籽粒易从潮湿的空气中或与其相接触的潮湿物体中吸收水分。粮仓应建在地下水位低、地基干燥、土质坚硬均匀、通风良好和四周排水方便的地方。有条件的农户，可用油毛毡等防潮材料修成防潮地坪，或在仓底下面用石条或黏土砖等砌筑通风道。

● **通风密闭效果好** 通风可以排出粮堆中湿热的空气。特别是在冬季，用干冷的空气通入粮堆，有利于粮食低温储存，提高储粮品质。良好的密闭性能防止外界的害虫老鼠进入粮堆，同时能防止粮食吸收外界的水分。

● **容量适中、使用方便** 农村储粮一般分散到各农户家中，储量一般不大，并经常取用（食用或作饲料），所以储粮设备的容量一般不需要很大，进出粮一定要方便。

## 农村常用的储粮仓

农村储粮仓是安全储粮、减少储粮损失最基本的物质条件。农村储粮面对的是千差万别的不同农户，涉及面广，储粮生态环境极不平衡，储粮设备性能差。常见的农村储粮仓有以下几种：

### 1. 梯下仓

这种仓一般是建了楼房的农户在其楼梯下设仓，有的在仓底刷了一层防潮沥青，有的用油毡、薄膜等铺垫防潮，如图 2—1 所示。这类仓气密性能好，但有的仓靠山墙会有轻微雨湿返潮现象。其特点是造价不高，使用寿命长，密封良好，坚固可靠，能防鼠、防潮、防火、防虫。

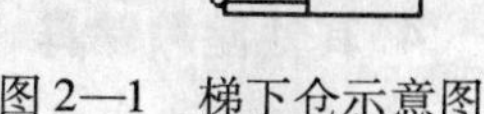

图 2—1 梯下仓示意图

## 2. 土方仓

这类仓一般是平房农户所建，大部分是在一偏房中靠一侧墙用土砖所砌的仓，一般只在仓内表面进行粉刷，仓外露出红砖。少数农户在底层和仓墙 30 厘米高用沥青防潮，大多数用油毡、塑料薄膜等防潮，多数仓靠侧墙的一面有返潮现象。

## 3. 梯上仓

梯上仓是农户利用楼房的楼梯间，在楼梯的最上层修建的储粮仓。一般建了楼房的农户在二楼用一偏房或一小间做储粮仓，如图 2—2 所示。这种仓的防潮性能较好，粮仓底部为楼板，楼板下部为楼梯走道，故粮仓底部不易变潮，但气密性较差，容量大而不易装满。

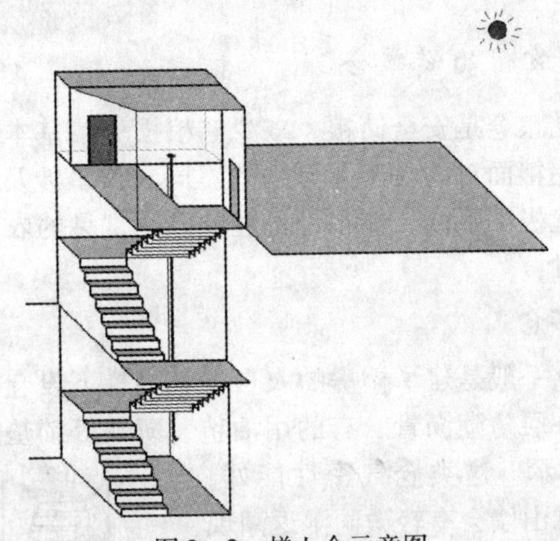

图 2—2　梯上仓示意图

## 4. 其他储粮储具

农村较为常见的储粮储具还有以下几种：

• **砖格仓和铁皮仓** 这类仓的气密性、防鼠性能、防潮性能以及防火性能都较好，其中砖格仓的应用较广。

• **木格仓、木桶仓** 应用范围较广，木格仓的防潮性能较好。但两者的气密性、防鼠性能、防火性能都较差。

• **复合板小圆仓** 由复合板材料制作而成，取材方便。防潮性能较好，但气密性、防鼠性能、防火性能都较差。

**5. 新型农户储粮装具**

为改善储粮装具，做到以防为主，近年来，我国各地因地制宜，就地取材，研究设计了几种比较理想的农村储粮装具，主要有以下几种：

• **格子仓** 该仓结构简单，建设方便，可分装多品种粮食，尤其适用于农户储粮。材料可用土、砖、铁、塑料板等，容量可大可小，形状也可多种多样，可在室内建造，造价相对低廉，一般采用沥青或塑料薄膜做防潮层。

• **玻璃钢粮柜及储粮囤** 用玻璃钢制成的储粮柜、囤，密封性好，能防火、防鼠，目前该类仓在江苏农村推广应用较为普遍。

• **塑铁组合储粮柜** 江苏宝应县近年研制出一种新型材料储粮柜，由聚丙烯编制片与镀锌薄板组合而成，该柜具有“六防”性能，不仅适合国库露天储粮，而且适用于农村储粮，目前已在江苏、东北等地推广应用。

• **土圆仓** 该类仓适用于我国北方农村，土圆仓建设技术要求较低，可就地取材，造价低廉，农民完全可以根据需要自建自用。该类仓储粮可从几万千克到十万千克，尤其适合种粮专业户，或以村为单位的集体储粮。

• **砖圆仓和石圆仓** 砖圆仓和石圆仓以砖和石料为主要建筑材料，建造取材容易，造价低廉，与房式仓相比，具有占地面积小、容量大、密封性好、便于熏蒸杀虫等优点。储粮数量可在几万千克到几十万千克，适用于农村集体储粮和种粮专业户储粮。

• **PVC 气密储粮囤** PVC 气密储粮囤具有使用方便、气密性好的特点，防潮、防虫、防鼠性能较好，可以方便有效地实施储粮技术，是近年来出现的新型储粮装具。仓体配备的专用进出粮口，可以方便地装仓和出仓，并保证气密性，空仓易于收藏和保管，比较符合农户的实际储粮需要。

• **地下仓** 农户的地下仓分室内和室外两种。地下储粮是一种较理想的储藏方式。在农户中开展地下储粮具有粮食品质稳定、防虫、防鼠的特点，且建仓的成本低，不占空间，农户易于接受。对于储量较小的地下农户粮仓，可采用包装储藏，出入仓较方便；室外地下仓可增加仓体防潮层，加高仓口的高度，再配合塑料薄膜内衬，以保证仓内的干燥和仓体周围的排水。

## 几种简易粮仓的修建方法

• **小型粮仓** 粮仓的布局和容量，农户可根据自己的需要确定。每个仓容约 1.5 $m^3$，可储玉米 625 kg。在粮仓靠墙的一面，加一块木板、水泥板或石板，还可以摆放粮袋、面袋、小农具等。具体做法是：

先在原地面铺夯 2 比 8 石灰土，在灰土上铺满一层碎砖、灰渣或小石块，喷水后，用 1 比 2.5 粗水泥砂浆灌缝刮平，再用 1 比 2.5 水泥砂浆罩面，擀光、压平、浇水养护 10 多天，仓底就建成了。仓底上用立砖码砌墙壁（靠墙可不再砌墙），在基部留 120 或 150 cm 的出粮口，出粮口应设置木板或铁皮作插板，内外表面用砂浆涂抹，里角做成弧形，以防裂缝。粮仓用料为每仓水泥一袋，砖 120 块。必须有盖，仓盖用木板、水泥板或石板均可。

> **建议** 石料来源方便的地方，仓底、仓壁等均可用石料修建。仓壁用石板厚5 cm，仓底用石板厚10 cm，像砌筑石水缸那样，十分方便，又很经济。石料不方便的地方，可用砖或土坯修砌，也很便宜。

- **储粮池** 储粮池与粮仓不同之处，在于它是向地下发展。其最大的优点是：池内温度冬暖夏凉且比较稳定，对防治储粮变质和虫霉害很有好处。储粮池宜建于地下水位低、通风干燥的室内。具体建法是：

按要求挖一土池，在原地坪上铺一层塑料薄膜，再铺一层干砂和一层砖（防潮防鼠），池的四壁用砖砌，用石灰勾缝即可，若地下土质坚硬或是石骨子土，可直接在挖成的四壁和池底涂抹和浇注水泥砂浆。为了防潮防水，可在其表面刷一层水玻璃或贴一层厚型塑料薄膜，或者涂刷一道防水砂浆。建一个长 2 m，高宽各 1 m 的储粮池，可储粮 750 kg。

- **格子仓** 格子仓是近年来发展起来的新型粮仓，其建法是将粮仓分成几个小仓，这样可以把不同品种的粮食、新粮和陈粮分开装储，便于启用。格子的安装方法，农户可按自己的要求和实际情况确定。

## 储粮前的准备工作

- **对储粮环境和装具的清理消毒** 保持储粮环境的清洁

卫生是搞好安全储粮工作的基础，它通过清洁储粮环境，创造一个不利于害虫生长繁殖的空间，达到安全储粮，防治害虫的目的。装粮前，要对粮仓和装具进行一次认真的清扫和检查，如有孔隙、洞缝要及时补修。新粮最好单独储藏，不要与陈粮放在一起储藏，以防陈粮中的害虫成为新粮的虫源。储粮装具，尤其是木、竹、棉、麻质装具，不少仓虫会藏于其中，潜伏下来成为新粮虫源，一定要清除其中的尘杂、地脚粮和虫卵。新建的粮仓或新制的装具，也要充分干燥后才能用于储藏粮食。

● **粮食入仓前的晾晒、清选** 粮食入储前一定要充分晾晒，尽量降低粮食的含水量，把水分降到安全水分以下。另外，通过充分晾晒还可以杀灭其中所藏的害虫。粮食的含水量可以通过手摸、牙咬粮粒的感觉作出判断，如果手抓粮食感到光滑，粮食从手中流动顺畅，有清脆响声，或者用门牙咬粮粒时感到脆、硬，响声清脆，都表明粮食已充分干燥。否则，应继续晾晒。

粮食晒干后，还要通过风扬、过筛等方式，最大限度地清除粮食在收打过程中夹带的秸秆、叶片、粉尘、粮壳、泥沙、石粒等杂物和病粒、瘪粒、害虫，保证粮食干、净、饱入仓储存。

**注意事项** 晾晒粮食一定要在水泥地面（可以充分利用农村的房顶）上，千万不要在沥青路上。这样做不仅影响交通，存在较大的安全隐患，同时，沥青在高温时会释放有致癌物质，会对晾晒的粮食造成污染，食用后对人体有害。

• **其他准备工作** 搬运粮食的工具、箩筐、麻袋、塑料袋装具和所用的盖子、塑料薄膜、绳子、保温隔热的覆盖物（如谷壳、麦糠、谷草等）应准备好，并保持清洁和干燥。

## 粮食的入仓及注意事项

• **趁热入仓** 对于能趁热进仓的粮食如小麦等，在准备工作做好后，应选择烈日天气，曝晒时要注意做到薄摊，勤翻，晒透，晒干。时间从上午 10 点前后，到下午 2 点最好。待粮食温度达到 50℃以上、水分达到 12%以下时，趁热把粮食收起来迅速装入粮仓和装具中，并立即严封，使粮食温度缓慢下降。

• **冷进仓** 对于不能热进仓的粮食，应把它们晒干到安全水分以下，收起来放到室内，待冷至室温后再进仓储藏。要注意的是，在收回室内冷凉时，需防止室内其他害虫进入其中，成为新的虫源。

• **粮食入仓“五分开”** 新粮储藏时要注意做到五个“分开”，即：新粮与陈粮分开，虫粮与无虫粮分开，高水分粮和低水分粮分开，带病粮与好粮分开，不同种类、等级粮食分开。

• **做好粮食储藏期间的日常管理** 在粮食储藏期间一定要做好粮食储藏期间的日常管理，经常检查粮食的情况，以便发现问题，及时处理，保证粮食安全储藏。日常检查内容主要为：感官检查和粮食温度检查。

> 通过对粮食储藏期间的日常检查，发现问题及时处理，特别是防虫、杀虫、抑霉、防鼠等工作。只有做好日常检查才能保证粮食安全储藏。

# 话题3　粮食流通与管理

## 粮食是怎样流通的

粮食流通的一般过程是：生产者→粮食批发商→零售商→消费者，这一过程包含着一系列相互联系、相互影响的环节，每一个流通环节都是独立的经营活动，各个环节共同构成完整的粮食流通过程。

粮食流通过程主要包括收购、储存、运输、加工、销售等环节。其中收购是起点，销售是终点，运输和储存是连结购销的中间环节，加工（包括深加工和精加工）则是粮食在收购后，销售前改变粮食形态、将粮食由初级产品变为终端产品的重要环节。粮食加工改变了粮食的形态，增加了粮食的附加价值，但并不改变粮食的属性。每个环节在粮食流通中的地位和作用虽然不同，但彼此相互联系、相互制约。在粮食流通过程中，只有妥善组织好、管理好每个流通环节，才能顺利完成粮食流通过程，保证物畅其流，更好地促进粮食生产的发展，为经济和社会发展奠定良好的物质基础。

> 从国际粮食市场的角度看，进出口也是粮食流通的一个重要环节，它表现为粮食从一个国家或地区向另一个国家或地区的流动。

## 我国粮食流通的有关法律法规

粮食流通作为一个世界性难题，在我们这样粮食经济市场化程度较低的国家，要解决好难度更大。因为粮食流通体制不仅直接影响城乡居民的食物供应与工业原料的供应，而且对于我国的工业化、城市化进程，甚至对经济发展和社会秩序的稳定都有重大影响，可谓“牵一发而动全身”。

我国关于粮食流通的法律法规有《粮食流通管理条例》（中华人民共和国国务院令第407号，2004年5月26日公布施行）和《粮食流通监督检查暂行办法》（国粮检［2004］230号，2005年1月1日实施）。

## 《粮食流通管理条例》的主要内容

此条例的制定是为了保护粮食生产者的积极性，促进粮食生产，维护经营者、消费者的合法权益，保障国家粮食安全，维护粮食流通秩序。主要内容如下：

- 国家鼓励多种所有制市场主体从事粮食经营活动，促进公平竞争。依法从事的粮食经营活动受国家法律保护。严禁以非法手段阻碍粮食自由流通。国有粮食购销企业应当转变经营机制，提高市场竞争能力，在粮食流通中发挥主渠道作用，带头执行国家粮食政策。

- 粮食价格主要由市场供求形成。国家加强粮食流通管理，增强对粮食市场的调控能力。

- 粮食经营活动应当遵循自愿、公平、诚实信用的原则，不得损害粮食生产者、消费者的合法权益，不得损害国家利益和社会公共利益。

## 《粮食流通监督检查暂行办法》的主要内容

本办法是为规范和指导粮食流通监督管理，维护粮食流通秩序，保护粮食生产者的积极性，维护经营者、消费者的合法权益，根据有关法律、《粮食流通管理条例》以及有关行政法规而制定的。主要内容如下：

- 粮食流通监督检查实行国家各有关部门分工负责制和中央与地方分级负责制。国家粮食行政管理部门对有关粮食流通的法律、法规、政策及各项规章制度的执行情况进行监督，负责粮食流通监督检查的行政管理和行业指导。省级粮食行政管理部门负责辖区内粮食流通监督检查的行政管理和行业指导。地方各级粮食行政管理部门在本辖区内依法履行监督检查职责，执行上级粮食行政管理部门下达的粮食流通监督检查任务。工商行政管理、质量监督、卫生、价格、财政等部门在各自的职责范围内负责与粮食流通监督检查有关的工作。

- 各级粮食行政管理部门要切实加强粮食流通监督检查制度的建设，充实加强监督检查人员队伍。从事粮食流通监督检查工作的人员，应当具有法律和相关业务知识，并定期接受培训和考核。

- 各级粮食行政管理部门要切实加强粮食流通监督检查制度的建设，充实加强监督检查人员队伍。从事粮食流通监督检查工作的人员，应当具有法律和相关业务知识，并定期接受培训和考核。

• 粮食流通监督检查实行持证检查制度。粮食行政管理部门的监督检查人员在执行任务时要出示“粮食监督检查证”。“粮食监督检查证”由国家粮食行政管理部门统一监制，由省级以上粮食行政管理部门对监督检查人员进行培训，经考核合格后核发。其他部门在执行粮食监督检查任务时，也要出示有法定效力的监督检查证。

• 对粮食经营者违规行为的罚没收入应纳入预算管理并根据《罚没财物和追回赃款赃物管理办法》（［86］ 财预228号）、行政事业性收费和罚没收入“收支两条线”管理规定及财政国库管理制度改革的有关要求上缴国库。任何单位和个人不得挤占、截留、挪用。粮食流通监督检查所需经费按有关规定和程序申请、管理和使用。

## 话题4　粮食及其制品的质量安全

### 稻谷储藏中存在的质量安全问题

稻谷在储藏期间，由于其本身呼吸作用以及受微生物与害虫生命活动的综合影响，往往会发热、霉变、生芽，导致稻谷品质劣变，丧失生命力，造成重大损失。稻谷呼吸作用和微生物与害虫生命活动的强弱，与稻谷的水分、温度以及大气的湿度与氧气等因素密切相关，其中水分与温度又是最主要的因素。在保管过程中要通过控制各种因素把稻谷呼吸强度和微生物与害虫的生命活动压制到最微弱的程度，以防止稻谷发热、霉变、生芽，确保稻谷安全储藏。

## 小麦储藏中存在的质量安全问题

小麦种皮较薄，无外壳保护，组织松软，含有大量的亲水物质，吸水能力强，极易吸附空气中的水汽，易滋生病虫，引起发热霉变或生芽。其中白皮小麦的吸湿性比红皮小麦强，软质小麦的吸湿性比硬质小麦强。吸湿后的小麦籽粒体积增大，容易发热霉变。此外，小麦是抗虫性差、染虫率较高的粮种。除少数豆类专食性虫种外，小麦几乎能被所有的储粮害虫侵染，其中以玉米蟓、麦蛾等为害最严重。

## 玉米储藏中存在的质量安全问题

玉米外层有坚韧的果皮，透水性弱，但水分较容易从种胚和发芽口进入，不利于安全储藏。玉米同一果穗的顶部与基部授粉时间不同，致使顶部籽粒成熟度不够，成熟度往往不很均匀。种子成熟度的差异会导致脱粒时籽粒破碎增多。受热害或晚秋玉米受冻等原因，均能增加种子生理活性，促使呼吸作用增强，不利于安全储藏。玉米胚部大，易吸水且脂肪含量高，胚部的脂肪酸值远远高于胚乳，酸败首先从胚部开始，同时胚部水分高，营养丰富，易生霉。

## 粮食制品质量方面有哪些危害性因素

### 1. 粮食制品中可能存在的化学性危害

主要的化学污染物包括农药、不当使用食品添加剂、食品工业有害物质等。

- **农药残留** 农药对人体产生的危害，包括致畸性、致突变性、致癌性和对生殖和遗传的影响。

- **食品添加剂** 不正确使用可导致的安全问题有：急性和慢性中毒；引起变态反应，如糖精可引起皮肤瘙痒症；在人体内蓄积；食品添加剂有些转化物为有害物质；部分添加剂被确定或怀疑具致癌作用。

- **食品工业有害物质的污染** 污染途径有大气污染、工业废水污染、土壤污染，容器和包装材料的污染等。

### 2. 粮食制品中可能存在的生物性危害

生物性危害按生物的种类主要分为细菌性危害、霉菌性危害、昆虫危害（蝇类、蟑螂和螨类造成的危害）等。

- **霉菌危害** 粮食上的真菌包括寄生菌、腐生菌和兼寄生菌。腐生菌在粮食上的数量最多，对粮食危害最大。粮食中典型的腐生菌是曲霉和青霉，这些腐生菌是造成粮食霉变发热、带毒的主要菌种。霉菌侵染粮食后可发生各种类型的病斑或色变。霉变的粮食营养价值降低，感官性状恶化，更为重要的是霉菌毒素对人体可能造成严重危害。

- **细菌性危害** 一般而言，细菌不会引起粮食发热，因为细菌活动需要游离的水存在，同时只有粮食籽粒表面出现孔道或创伤时，细菌才能进入粮食籽粒内部，并进入活跃期。但是，粮食的磨粉加工可以引起细菌的生长繁殖及食物变质。

- **昆虫危害** 有粮食害虫、螨类、蝇类和蟑螂等。

同时，有毒植物混入粮食及其制品也会引起危害。粮食作物中有时会混入一些有毒的杂草籽粒等，如不严格筛选将其有效去除，也会给食用者造成一定的危害。

### 3. 粮食及其制品中可能存在的物理性危害

粮食及其制品中物理性危害是指在粮食及其制品中存

在着非正常的具有潜在危害的外来异质，常见的有玻璃、铁钉、铁丝、铁针、石块、铅块、骨头、金属碎片等。当粮食及其制品中有上述异物存在时，可能对消费者造成身体伤害。

> 粮食及其制品中物理危害的来源，一是原料中存在的物理性危害，二是加工过程中混入的异物。

## 小麦面粉生产的质量安全控制

### 1. 小麦清理

● **清理流程**　小麦清理流程通常包括下述步骤的一部分或全部：初清（初清筛）→筛选（带风选）→去石→精选→磁选→打麦（清打）→筛选（带风选）→着水→润麦→磁选→打麦（重打）→筛选（带风选）→磁选→净麦仓。

● **安全卫生控制方法**　用磁选器清理，避免集结的金属掉到麦粉中；检查去石机或去石分级机的筛面磨损情况，光滑的筛面不利于石子上爬；保证润麦用水的清洁卫生，储水箱定时清洁消毒；采取有效方法，尽量缩短润麦时间，防止微生物生长繁殖；润麦仓要合理周转使用，保证着水后的小麦或洗过的小麦能及时进行润麦。

### 2. 小麦研磨

● **研磨方法**　小麦研磨是通过磨齿的相互作用将麦粒剥

开，从麸片上刮下胚乳，并将胚乳磨成具有一定细度的面粉。同时应尽量保持皮层的完整，以保证面粉的质量。

● **安全卫生控制方法** 定时清理磨粉机磨膛内壁的残留面粉，杜绝微生物污染；及时清理堆积在车间内的下脚料，保证面粉生产的环境卫生；加强对员工的生产管理、卫生管理的培训和教育，提高员工的卫生意识；物料回机应严格按原则执行，不能随便回机。

## 大米生产的质量安全控制

### 1. 原料中杂质控制

● **化学性危害控制** 选择耕地必须远离化工企业、制革企业、冶炼企业等高危产业的场地，选择具有良好抗逆性和抗病性的水稻品种，建立良好的耕作制度，防止滥用化肥和农药造成的污染。

● **生物性危害控制** 加强田间管理，收获后及时清理，控制有毒植物和有害杂草籽混入；控制储藏环境的温湿度条件，防止粮食的霉变产生毒素，对已经污染的粮食进行去毒处理，如采用物理化学等方法将毒素去除或采用特殊的加工方法去除毒素。

### 2. 碾米、成品及辅产品处理各工序危害控制

● **加工工序的各个环节** 车间需设防蝇、防鼠设施，定期对生产车间进行消毒处理；加强操作人员的卫生质量意识，定期对从业人员进行健康检查；选择耐腐蚀、防污染的生产设备和用具，防止清洗过程中使用的试剂的残留。

● **包装材料的选择** 应选择符合卫生标准的包装材料，并保证包装材料储存场所的卫生，防止污染。

● **储运各环节引入危害的控制** 保持运输工具的清洁卫生，对仓库进行定期清理及消毒。同时，应注意通风设备的完善以及运输环境的温度。

## 糕点加工的质量安全控制

糕点因品种、配方不同生产工艺有所差别，其基本工艺流程如下：

原料接收及预处理 → 原料计量 → 原辅料配制 → 成型 → 烘烤 → 冷却 → 产品整理 → 计量包装 → 入库

● **原料的控制** 采购的原辅料必须向出售方索取检验合格证书。不符合规定的，如霉变、坏粒等原料应拒绝入库，在储存过程中出现质量问题的也应废弃。添加剂的食用应严格按照《食品添加剂使用卫生标准》（GB 2760—2007）规定的使用范围和使用剂量标准添加。

● **生产加工过程** 生产中用的所有原料需经消毒处理，严格控制沙门氏菌的污染。在焙烤过程中应严格控制焙烤温度及焙烤时间，达到杀菌作用，并控制产品的含水量。加工设备及产品盛放容器应按照要求清洗消毒，盛放容器不得直接接触地面，各类食品包装材料均应符合国家卫生标准。

● **加工者及环境卫生** 加工者的手部卫生是关键控制点，手的消毒应严格按照消毒程序进行。同时，要加强生产环境的改善，建立环境卫生制度，定期清扫、消毒、检查、用灭菌剂在厂区喷雾，消灭空气中的微生物，禁止在车间四周乱堆放杂物等。

## 保鲜类主食加工的质量安全控制

保鲜主食类产品有饭、面、粥等。

• **原辅料的控制** 采购的原辅料必须向出售方索取检验合格证书。不符合规定的拒绝入库，原料在储存过程中出现质量问题应废弃。必须使用国家规定的定点厂生产的食品级添加剂，添加剂的使用严格执行《食品添加剂使用卫生标准》（GB 2760—2007）规定的使用范围和使用剂量。

• **生产加工工程** 蒸煮杀菌过程中应严格控制蒸煮温度及蒸煮时间，达到杀菌作用，加工设备及产品盛放容器应按照要求清洗消毒，盛放容器不得直接接触地面，各类食品包装材料均应符合国家卫生标准。

• **加工者及环境卫生** 保鲜主食类生产过程中，人员卫生是影响半成品原始含菌量的重要因素，要求操作人员严格执行卫生操作规范。同时，要加强生产环境的改善，建立环境卫生制度，定期清扫、消毒、检查、降低空气中的微生物数量，禁止在车间四周乱堆、乱放杂物等。

# 第三讲

# 油料生产加工与运输安全

## 话题 1　油料产品及商品化处理

### 我国常见的油料种类

在我国，可以大量获取的植物油脂原料有很多种类，但油料加工业最重要的大宗油脂原料包括油菜籽、大豆、花生、棉籽、芝麻、米糠、油茶籽、油桐籽和蓖麻籽等。

● **油菜籽**　呈圆球形，外表有黄色、棕红色和褐色等多种颜色，是一种食用高含油作物。国内已广泛推广低芥酸菜籽及低芥酸含量、低硫甙含量的双低菜籽优良品种（所得菜籽油称“卡诺拉油”）。

● **大豆**　又称“黄豆”。主产区为东北地区和黄淮流域，是食用植物油和蛋白质的重要资源之一。

● **花生**　盛产于山东、河北、河南和四川等省，花生仁是最重要的植物油脂和蛋白质资源之一。

● **棉籽**　即棉花的种子。主产于黄河流域和新疆地区。棉籽毛油必须经过精炼，除去棉酚（一种轻毒害物质）杂质，方可食用。

● **芝麻**　主产于我国中部地区。其种子呈扁平椭圆形，有白、黄、褐、黑等数种颜色的种子。白芝麻含油最高，黑芝麻含油最低。

● **米糠** 是大米生产的副产品，米糠油是一种营养丰富的食用油，属于保健型食油，同时也是生育酚、谷维素的医药化工产品的原料之一。我国是世界稻米的主产国，进一步扩大米糠制油的综合利用，及深加工产品的开发，有很好的发展前景。

● **葵花籽** 葵花，在我国东北、西北和华北等地广泛种植，分为普通葵花和油葵两种。普通型葵花籽含油率比油葵籽要低一些。

● **油茶籽** 为木本油料植物油茶的种子，是中国特有的油脂原料，盛产于南方各省、区，尤以江西、湖南为最多。茶籽油色清，味香，耐储藏，营养价值很高，是我国南方的重要食油，亦是国际市场的畅销产品。但是，茶籽脱脂后的粕，必须经过脱毒才能作饲料。

● **红花籽** 即红花的种子。红花籽油，是欧美风行的少数保健型食用营养油之一。在我国，红花主产地在新疆维吾尔自治区。

## 主要油料产品类型

随着我国经济的发展、人民生活水平的提高，人民需要品质更优异、功能更突出、品种更多样的油脂加工产品。

● **食用调和油** 食用调和油，顾名思义就是以几种油脂，用适当的方法调和在一起的油脂产品。目前食用油市场上有很多种类的调和油，其功能是多种多样的，有改善营养性状的，也有改善油风味及口感性状的。调和油使食用油脂产品结构更丰富，功能特性更优良。

● **人造奶油** 人造奶油以精制食用油或部分氢化油为基料，添加水及其他各种辅料，经过乳化和急冷捏合，制成具有天然奶油特色的可塑性制品。人造奶油具有奶油般的特性，即可塑性。一般用来涂抹在面包上，或供烘焙及烹调之用。人造奶油发展至今，已有很多新特色的产品，其规格在很多方面，也超越了传统的规定；在营养价值和使用性能等方面，也超过了天然的奶油。

● **起酥油** 起酥油是具有可塑性、起酥性和乳化性等加工性能，用来加工糕点、面包或煎炸食品的油脂产品。传统的起酥油是具可塑性的固体脂肪，最早只是作为猪油代用品，现在已发展成宽塑性范围起酥油、窄塑性范围起酥油、流动性起酥油和粉末起酥油等多种产品，用途广泛。

● **代可可脂** 可可脂是用可可豆制成的脂肪，最适合在糖果（巧克力）中应用。由于地区和气候的局限性，全球可可脂产量较少，价格高，在一些国家很缺乏。有些油脂的加工制品，可以呈现可可脂的特性，这类制品称为“代可可脂”，即可可脂的代用品。

● **油料饼粕** 油料饼粕是指油料以压榨法或浸提法不同的工艺去油后的一种副产品。目前饼粕的利用，有以下几个方面：一是从饼粕中制取浓缩蛋白质，分离蛋白、纤维状蛋白和组织蛋白；二是利用某些饼粕转化制取食用产品。如制作糖、白酒、食醋、酱油和味精等；三是利用某些优质饼粕粉，直接作为人类的食品原料；四是利用含毒或次等饼粕，作某些经济作物的肥料。

## 油品的商品化处理

油料经过压榨或浸出得到毛油，毛油经过精炼步骤，即脱胶、脱酸、脱色、脱臭和脱蜡等工序即得到精炼油，精炼油再经过质量检查、包装等商品化处理步骤后即成为食用商品油。

**1. 植物油脂的质量检查**

对植物油脂质量检查通常采用的方法是逐件检查和随机抽样检查。

- **逐件检查** 逐件检查是在植物油脂数量少时采用的一种方法。
- **随机抽样检查** 随机抽样检查是从一批受检的植物油脂中扦出部分样品，以样品的检验结果作为评价整批植物油脂质量的依据。采用随机抽样检查所扦取的样品必须具有代表性，扦样的样品应妥善地密封保存，保证在一定期限内不变质，并在盛放样品的容器上贴标签，注明品名、批次、数量、扦样人员和日期，以备复查。针对大批量的植物油脂主要采用的是随机抽样检查。

**2. 油脂的包装**

油类食品传统上采用玻璃瓶包装，近年来逐渐发展为塑料瓶和铁桶包装，通常采用的塑料瓶有聚氯乙烯、聚酯、聚苯乙烯和高、低密度聚乙烯等品种。另外，可采用复合材料，主要有纸/聚乙烯/纸/离子型树脂复合材料制成的容器，外层涂塑乙烯—醋酸乙烯和蜡制成的热溶胶，内层是离子型树脂，热封性能好，而且耐油。需要运输的包装，多用铁桶。

油脂经过商品化处理后即可流通上市。

# 话题2　油 脂 储 藏

## 油脂的储藏特性

油脂一般含有大量的不饱和脂肪酸，在储藏过程中易被空气中的氧气氧化分解，游离脂肪酸含量不断增加，酸价增高，并逐渐酸败变苦。为了防止油脂的酸败，在储藏过程中，应采用低温、干燥、密闭、避光储藏。

低温，即油脂储藏时应将油脂存放在低温的仓库内。干燥，即储藏油脂的仓库内或周围环境应保持干燥，如湿度过大，可通风降湿，或使用生石灰、草木灰等做吸湿剂，放在仓库内或储油脂的环境中，以此来防止仓库内或储油周围环境的湿度增大。为减少油脂与空气的接触，延缓氧化，防止酸败，油脂应存于密闭的容器中。为减少太阳光的照射，油脂还应存于仓库内或避光的地方，只有采用低温、干燥、密闭、避光储藏，才能确保油脂储藏安全。

## 水分、温度及日光对油脂储藏的影响

低水低温防日晒，保证油脂不酸败。

● **水分**　水分和油脂是不相溶的，油脂中不应有水分。但在目前生产条件下，由于各种因素的影响，油脂中仍会有一定的水分，在较高的温度下，水能使脂肪起水解作用，又有利于微生物的生长繁殖。因此，如果油脂中水分过多，便会促使油脂酸败。若水分过高，应采取煮沸串倒等方法降低水分。

● **温度**　油脂在储藏期间应处于低温干燥环境中。温度高，有利于微生物繁殖，同时油脂中原有蛋白酶、解脂酶等在较高温度下亦加速活跃，使不饱和脂肪酸加速氧化分解，败坏油的品质。温度越高，油脂酸败得越快。

- **日光** 油脂应避光储藏，防止日光直晒。因为油脂在日光的紫外线作用下，常形成少量的臭氧，而臭氧与油脂中的不饱和脂肪酸又会反应形成臭氧化物，臭氧化物在水的影响下，又进一步分解为醛和酮类物质，使油脂酸败变苦。

> 家庭储藏油脂时，要避免日光照射和强烈的照明，以防止油脂酸败变苦。

## 金属、空气及微生物对油脂储藏的影响

除水分、温度和日光直接影响油脂安全储藏外，金属、空气、微生物、杂质等，也是影响油脂安全储藏的重要因素。

- **金属** 油脂接触金属易引起油脂酸败，这是因为一般金属都能起到氧化促进剂的作用。铜对油脂影响最大，铁的影响较小，因此，农家储藏油脂时，最好不要使用金属容器特别是铜器，应选用陶瓷或有色玻璃器皿，以防止酸败。

- **空气** 油脂接触空气就能发生氧化酸败。因此，农家储藏油脂时，应根据油脂的数量，选择大小适宜的容器。将油脂灌满容器后将容器口封严，密闭储藏，尽量减少油脂与空气的接触，防止油脂氧化酸败。

- **微生物与杂质** 油脂在加工、运输和储藏过程中，不可避免地要受到微生物的污染。同时由于技术条件的限制，油脂中很可能含有少量的杂质。油脂中的微生物，在适宜的温度、氧气和养料（主要是油脂中的杂质）的条件下，会大量繁殖，分泌解脂酶和蛋白酶，促使油脂酸败。同时还能分泌出有毒的（如黄曲霉）代谢物，致使油脂带毒。因此，油脂在储藏之前和过程中，应及时清除杂质，以防止油脂酸败。

## 农家如何安全储藏油脂

农家储藏油脂应当做到：容器适宜防酸败，方法得当保安全。

● **适宜的容器** 为安全储藏油脂，首先要选择适宜的容器，农家储藏油脂，一般数量不大，可放在陶瓷或搪瓷缸内，缸口要封严，密闭储藏，也可放在绿色或棕色的玻璃瓶内，需密闭并放于低温避光存放。如储存量较大，也可放在铁桶内储藏。无论存于何种容器内，均应保证把容器灌满，把容器口封严密闭储藏，以减少与外界空气的接触。并将容器置于低温避光处储藏。

**注意事项** 油脂不宜放在塑料桶内储藏，因为一般塑料中含有一些可溶于油的物质，有些塑料的增塑剂还对人体有一定的毒性，故不宜用塑料桶储藏油脂。

● **正确的方法** 为保证储油安全，油脂在储藏前，应进行清水除杂。其方法有沉淀、蒸发和过滤等几种。油脂储藏前沉淀 1～2 天，使杂质和水分沉淀，然后把上层油脂轻轻倒入容器中，将底层的水分和杂质清除，此法称为沉淀法。也可将油脂在储藏前先放入锅内加热煮沸，根据水和油的沸点不同，将油脂中的水分蒸发掉，然后再将杂质沉淀，把油轻轻灌入容器中，弃去底层的杂质。还可用细纱绢或细纱巾将油脂过滤，清除杂质。油脂在储藏过程中，若发现水分杂质较高，也须用上述方法清除。

**提示** 油脂安全储藏要达到低水、低杂、低温、避光和密闭的要求。

## 话题3 油料流通与质量安全

### 油料产品的流通特点

- **市场购销为主** 随着改革开放的不断深入，油脂的流通体制发生根本性的变化，其配置方式已由计划调拨转变为市场购销为主，油脂物流的组成方式由相对集中变为分散多向。

- **运输资源配置合理** 油脂物流运行通畅，运力瓶颈已经打破，运输资源配置更趋合理，油脂运输业正面临新的发展机遇和挑战。自从油脂由国营粮食部门独家经营的局面被打破后，合资、供销、外贸及私人企业从事油脂生产和经营的规模越来越大，并占据相当比重，开始形成多种经济成分并存、多部门共同参与的市场格局，油脂的运输主体也随之呈现多元化现象。运输主体多元化现象的存在给油脂运输带来了更大的发展和激烈的竞争，同时也出现了一些不良的后果。

物流主体多元化，运行机制市场化，油脂运输社会化，油脂流向趋利化的多渠道竞争格局已经形成。其中物流在油脂流通中的变化极具代表性。

• **以散装运输形式为主** 油脂散装运输成为主要运输形式和发展方向。油脂散装运输以其环节少，机械化程度高、费用低、速度快、运量大、效率高等特点，在油脂的中远程运输中占据着无可替代的地位，即使在短程运输中散装运输也将逐步取代桶装运输。

> 油脂散装运输是油脂流通中的主要运输形式和发展方向。市场经济的形成和发展对植物油散装运输的发展创造了良好的外部条件，使之有着广阔的发展空间。

## 转基因原料制得油脂的安全问题

由于从国外进口的大豆多为转基因产品，因此，消费者应了解转基因技术的有关情况，以便对转基因技术有清楚的认识。

• **转基因技术** 转基因是一项新兴技术，就是通过生物技术，将某个优良基因从生物中分离出来，植入另一种生物体内，形成新品种的转基因生物，它克服了天然物种生殖隔离屏障，将具有某种特性的基因分离和克隆，再转接到另外的生物细胞内，从而可以按照人们的意愿创造出自然界中原来并不存在的新的生物功能和类型。

> 如转基因大豆就是把一种微生物的基因植入到大豆内生产出的，它在抵抗力和含油量上都比普通大豆高出许多。

• **转基因食品的安全性** 采用转基因技术生产的农产品的安全性还有待进一步研究，尤其是转基因食品对人体健康可能造成的各种影响，这些年来一直是各国科学家研究和争论的焦点。欧美各国要求直接将食物成分（是否含转基因）标注出来告诉消费者。在一些欧洲发达国家，甚至禁止生产和进口转基因食品。我国农业部和质检总局也发文，要求食品生产企业必须将原料中所含的转基因成分明确标示在产品外包装上，让消费者在享有足够知情权的情况下自主选择。

**讨论** 国外一些转基因的玉米已经被证实含有过敏原，对人体有害，那么，用转基因大豆加工的豆油是否真的像广告中所说的具有一定健康危害呢？据有关大豆加工专家介绍，一般用转基因大豆原料制取食用油，都要按严格的操作程序进行，其安全性与非转基因大豆原料制取的食用油相同。转基因改变的是植物的氨基酸序列，氨基酸构成蛋白质，所以，转基因技术改变的是植物蛋白质成分，而转基因油料的植物油成分没发生任何改变。在油料的加工过程中，转基因成分基本上都集中在了豆粕当中，精炼之后的植物油中的转基因成分大可忽略不计。

## 食用油酸败的鉴别

油料中含有大量的不饱和脂肪酸，储藏过程中最突出的问题是酸败。

### 1. 酸败油的特征

酸败的油料产品表现主要有酸价增高、颜色变深、沉淀增多，油液变得浑浊，味道变苦，甚至产生哈喇味或臭味，以致不能食用。导致酸败的因素有水分、空气、温度、日光、杂质、金属等。

### 2. 酸败油的鉴别

鉴别食用油酸败的方法多为感官鉴别法，消费者需掌握以下几点要领：

- **看色泽** 植物油都有一种特有的颜色，经过精炼，会将色素清除一些，但是不可能也没有必要精制到一点颜色也没有，油的颜色对身体无害。油的色泽深浅因品种不同而不同。色拉油浅颜色的要好一些，但太浅了以致于发白也不好。
- **看透明度** 选择澄清、透明的油，透明度越高越好。
- **看沉淀物** 正常的油无沉淀和悬浮物、黏度小。
- **闻** 各品种油有其正常的独特气味，而无酸臭等异味。取一二滴油放在手心，双手摩擦发热后，用鼻子闻不出异味即可，如有异味就不能再食用。
- **尝** 质量正常的油无异味，如油有苦、辣、酸、麻等味感则说明已变质。
- **查** 看包装上标注的内容及商标，特别是保质期和出厂日期，无厂名、厂址及质量标准号的不要购买。要选择加贴 QS 标志的产品。

## 食用油加工中存在的质量安全问题

### 1. 油脂原料存在的质量安全问题

- **原料霉变** 由于某些霉变原料的存在，导致机榨毛油中的霉变毒素大大超标，霉变还能影响油的气味和滋味，并对人体和动物有很大毒性。如花生易被黄曲霉素污染。
- **溶剂残留量高** 浸出法制取植物油类残留溶剂含量是国家卫生指标中的一项重要指标。由于用有机溶剂浸出法生产植物油的出油率远远高于机榨油法，所以浸出油的市场越来越大。但有些不法商贩只注重提高出油率，而不注重有机溶剂的处理，造成浸出油中残留有机溶剂含量过高，严重危害着人民群众的身体健康。

### 2. 油脂精炼可能造成的主要质量安全问题

- **除杂过程**　不正确的操作会损坏机器设备，造成不必要的伤害；过滤温度不宜过高，温度过高可能会导致油的氧化，影响油的品质。
- **脱胶过程**　脱胶需要较多的化学药品，再加上加工流程较长，其物理、化学和生物危害比较明显。主要物理危害是加工过程中会有金属物掉落的可能，化学危害是化学药品残留以及不适当温度造成的油品变质或化学药品变质，生物危害主要是低温脱胶中可能因为水质的不达标及操作环境的不合格引入微生物产生污染。
- **脱酸过程**　脱酸时，对于品质差（酸值在 10 以上）的毛油，需加入浓度较高、数量较多的碱液，这样会产生较多的皂角，大量中性油被带入皂角中，炼耗较大，同时，碱炼过程产生的漂洗水不处理又会污染环境；萃取分离油和游离脂肪酸过程中，溶剂残留严重影响油脂的安全性。
- **脱色过程**　脱色过程之前的工艺操作不当或者脱色效率低，会造成成品油的回色，酸值的回升。
- **脱臭过程**　天然油脂中脂肪酸为顺式脂肪酸，脱臭后的油脂会产生大量对人体有害的反式脂肪酸，而且其含量随时间和温度而上升。
- **脱蜡**　脱蜡需加入酸、碱及硅藻土、红磷锰石等结晶助剂，往往影响油脂的安全性。由于化学物质的加入，设备及管道的腐蚀问题很严重，甚至会造成因设备腐蚀穿孔泄露而影响油的食用安全性和生产安全性。

## 制油原料的清理

油料加工制取油脂的第一道工序是清理。油料在收获、摊晒、运输和入库的过程中，会带入一定数量的杂质，这些杂质如不除去，不仅影响出油率的提高、油品和饼粕的质量，还会造成油品质量安全问题。

油料清理方法有筛选、风选和磁选等。

- **筛选** 筛选是利用油料和杂质在颗粒大小上的差别，借助含杂油料和筛面的相对运动，利用不同的筛孔将大于或小于油料的杂质清理掉的一种方法。
- **风选** 风选是利用油料和杂质的比重不同，借助风力，将重于或轻于油料的杂质清除掉的一种方法。
- **磁选** 磁选是利用磁铁的吸引力，将混入油料中的铁杂质吸出，使油料和金属杂质分离的一种方法。

> 对于油料籽粒中的“并肩泥”（即泥土和油料籽粒大小、形状、重量都差不多的），可通过碾磨、挤压、撞击的方法将泥土团粒碾碎，再用风选或筛选的办法除去。

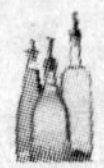

## 油料作物储藏中的质量安全问题

油料在正常状态下有完整的皮层保护，并且几乎所有油料都会含有维生素 E 及磷脂等天然抗氧化剂，有一定的防止油料中脂肪氧化的作用，因此耐储藏性较好。但由于所有油料都含有大量的脂肪，植物油料所含的脂肪，主要由不饱和脂肪酸组成，因此，在条件适合时，极易出现酸价增高，容易变质。油料品质劣变，大都是氧化变质，也可能是种子本身及微生物的脂肪酶作用下引起水解产生游离脂肪酸而导致的水解变质，这在水含量与温度较高的情况下尤为突出。

油料籽粒一般呈圆形或椭圆形，籽粒表面光滑，堆成垛以后，料堆孔隙度比粮堆孔隙度更小（花生果和葵花籽除外），散落性更大，自动分级更严重，对仓房的侧压力也更大，堆内积热和积湿不易散发，容易引起料堆持久发热，霉变。

## 食用油加工过程中的质量安全控制

● **除杂过程** 为了防止油的氧化，一般过滤温度以不超过90℃为宜；过滤时压力增大可增加过滤速度，使产量提高。但超过一定的压力时，可能由于滤饼结块影响过滤速度的提高，同时也影响过滤质量。

● **脱胶过程** 对脱胶过程可能引入的物理危害，在后续的质检工序可以将其降低到可接受水平，而对化学危害的控制主要是严格按照卫生标准操作程序（Sanitation Standrd Operating Procdure，SSOP）执行并控制好操作过程的温度，实行良好的操作规程可以控制低温脱胶过程中的生物危害。

● **脱酸过程** 溶剂的选择，在选择用于萃取分离油和游离脂肪酸的多种单元溶剂，以及多元溶剂的醇与正己烷的混合物时，要选择那些性质稳定、分离效果好、价格适宜、容易回收而且损耗小的溶剂，还要考虑油脂、脂肪酸在溶剂中不同温度时的溶解度，以减少残留溶剂对食用油脂安全性的影响。

● **脱色过程** 为了保证脱色效果，应尽可能降低待脱色油脂的含水量，因为水分会破坏白土的脱色能力；同时，水分的降低也使得待脱色油中残存的皂角的溶解度降低，可以保证残存皂角迅速被白土吸附，而不致带入脱臭工段。另外就是要保证良好的真空度，以避免氧化。

- **脱臭过程** 在高温下进行脱臭处理时，温度应随设备的类型、油脂的种类以及成品的要求不同而变化，例如椰子油，它的相对分子质量非常低，因此加热时极少超过240℃，而加工棕榈油时应在275℃下脱臭，因此，合理选择蒸馏脱酸、脱臭的温度和时间，有效控制副反应的产生，减少反式脂肪酸形成是非常重要的。

- **脱蜡过程** 设备的腐蚀问题随着材料化学的发展能够得到较好的解决，但在生产中仍要加强对车间的现场管理，经常保持设备表面清洁。保护层的防腐作用只有在保持完好的情况下，才能可靠地防腐。否则腐蚀性介质将通过覆盖层的孔隙和损坏部分，渗到主体金属部件而造成腐蚀。对于所需添加的化学试剂应先进行小样品实验，确定加入的量及合适的加入条件，提高产品的安全性。

# 第四讲

# 蔬菜生产加工与运输安全

## 话题1　蔬菜品种及制品

### 我国的蔬菜品种

我国的蔬菜生产有着悠久的历史，原产我国的蔬菜种类很多，蔬菜的生产关系着人们日常生活，生活中一日不可缺。现今我国栽培的蔬菜种类约200多种，列属于32个科，普遍栽培的蔬菜有50~60种。

- **根菜类**　主要以膨大的肉质直根供食用的蔬菜，包括萝卜、胡萝卜、根用芥菜、芜菁甘蓝、芜菁、牛蒡、根用泰菜等。

- **白菜类**　以柔嫩的叶丛、叶球、花球、肉质茎供食用的十字花科蔬菜，按植物形态分为大白菜、小白菜、乌塌菜、菜苔、油菜及根菜类的芜菁六个品种。

> 白菜类蔬菜适应性广，栽培面积大，产量高，易于栽培，耐储运，供应期长，约占蔬菜总消费量的1/5，冬春消费量70%~80%。

- **茄果类**　指以果实为食用部分的茄科蔬菜。包括茄子、番茄及辣椒等。

• **瓜类** 指以果实为食用部分的葫芦科蔬菜。包括南瓜、黄瓜、西瓜、甜瓜、瓠瓜、冬瓜、丝瓜、苦瓜等。瓜类要求较高的温度及充足的阳光。西瓜、甜瓜、南瓜根系发达，耐旱性强。其他瓜类根系较弱，要求湿润的土壤。

• **豆类** 包括菜豆、豇豆、毛豆、扁豆、豌豆及蚕豆等。

• **绿叶菜类** 以幼嫩的绿叶或嫩茎为食用部分的蔬菜，主要包括莴苣、芹菜、菠菜、茼蒿、苋菜、蕹菜等。

• **葱蒜类** 以鳞茎（叶鞘基部膨大）、假茎（叶鞘）、管状叶或带状叶为食用部分的蔬菜。包括洋葱、大蒜、大葱、韭菜等。根系不发达，吸水吸肥能力差，要求肥沃湿润的土壤，一般较耐寒。

• **薯芋类** 以地下块根或块茎为食用部分的蔬菜，如马铃薯、芋头、山药、姜、草石蚕、菊芋、豆薯等。这些蔬菜富含淀粉，耐储藏，要求疏松肥沃的土壤。

• **水生蔬菜** 包括藕、茭白、慈姑、荸荠、菱角和水芹等生长在沼泽地区的蔬菜。宜在池塘、湖泊或水田中栽培。

• **多年生蔬菜和杂类蔬菜** 多年生蔬菜如金针菜、石刁柏、百合、竹笋、香椿等。一次繁殖以后，可以连续采收数年。杂类蔬菜包括甜玉米、黄秋葵、芽苗菜和野生蔬菜等。

• **特种蔬菜** 特种蔬菜（特菜）一般释为珍贵稀少蔬菜，外观、品质、营养、风味有别于一般蔬菜品种，即外观新颖、品质优良、营养丰富、风味特别。诸如荷兰小黄瓜、塔形菜花、韩国的紫菜花、长白萝卜，以色列引进的彩色大椒、耐储型加工番茄，日本引进的小松菜、三叶芹，泰国的微型冬瓜、节瓜，南菜北种的各种油麦菜、包心芥、菜薹、肉质芥蓝、叶用枸杞，人工栽培的野生苦荬菜、马兰头、山野菜、大叶马齿苋、河芹菜和一些反季节种植的耐抽薹春种玉笋萝卜、黄心白菜、红心白菜等。

## 我国主要蔬菜产品类型

> 要求高温短时间浸烫，以破坏蔬菜中各种酶的活性，防止褐变，保持原有色泽，做到既灭菌，又不过高地破坏维生素。

● **速冻蔬菜**　速冻蔬菜系指以新鲜蔬菜为原料，经漂洗、浸烫、冷却、速冻、整理等加工处理的产品。因其能较大程度地保持蔬菜原有的特性、色泽、味道、香味，又可较长时期地储存，故在一些国家有着广泛的市场，是我国 20 世纪 70 年代发展起来的商品，种类繁多，出口量逐年增多。

> 结冻温度要求-35℃以下，冻结速度要快。

● **脱水蔬菜**　脱水蔬菜是经过人工加热脱去蔬菜中大部分水分后而制成的一种干菜。食用时不仅味美、色鲜，而且能保持原有的营养价值。再加上它比鲜菜体积小、重量轻，入水便会复原、运输食用方便等，而倍受人们的青睐。干制方法有自然干燥和人工干燥。

● **蔬菜汁**　蔬菜汁是以新鲜蔬菜为原料，经压榨而取得的汁液。大部分蔬菜都可以加工成蔬菜汁，如胡萝卜、芹菜、芦笋、莴苣、甘蓝、萝卜、甜玉米、菠菜、黄瓜、番茄、酸菜等。蔬菜汁的生产，同时也是一种调节蔬菜淡旺季供应的手段，在蔬菜淡季时饮用或用它来烹饪菜肴佐餐，既满足了人们需要，又方便了人们生活。

• **腌制蔬菜**　一种腌制蔬菜是利用蔬菜上带有的乳酸菌、酵母菌等微生物，进行乳酸发酵、酒精发酵等制成，不仅咸酸适度，味美嫩脆，增进食欲帮助消化，而且可以抑制各种病原菌及有害菌的生长发育，延长保存期，如四川泡菜等。另一种就是普通的咸菜，菜清洗干净后加入大量的食盐（NaCl），如腌制的雪里红和芥菜等。

特别应注意食用腌制蔬菜的安全问题，保证腌制蔬菜有一定的时间，使菜中产生的亚硝酸盐转化成无毒制品后再食用。

• **蔬菜罐头**　蔬菜罐头是将新鲜蔬菜经过处理、分选、修整、烹调（或不经烹调）、装罐（包括马口铁罐、玻璃罐、复合薄膜袋或其他包装材料容器）、密封、杀菌、冷却而制成的具有一定真空度的罐藏食品。

## 话题2　蔬菜储藏

### 蔬菜假植储藏方法

假植储藏是蔬菜特有的一种简易储藏的形式。在我国北方地区主要用于芹菜、油菜、花椰菜、莴笋、乌塌菜、水萝卜等蔬菜。这些蔬菜由于其结构和生理的特点，用一般方法储藏时，容易脱水萎蔫，降低蔬菜的品质及耐储性，而假植储藏使蔬菜能从土壤中继续吸收水分和养分，甚至还能进行微弱的光合作用，能够较长时期地保持蔬菜的新鲜品质，随时上市销售。

将蔬菜连根收获，单株或成簇假植，只假植一层，株行间要留适当空隙，以便通风。根据气候的变化有的需要简单地覆盖，但覆盖物一般不接触蔬菜，与菜面有一定空隙，使能透入一些散射光。整个储藏期要维持冷凉而不致发生冻害的低温环境，使蔬菜处于极缓慢生长的状态。土壤干燥时要浇水，以补充土壤水分的不足，还有助于降温。

## 大白菜的储藏

> **提示** 相对湿度过低则容易使蔬菜萎蔫失水，相对湿度过高易加速蔬菜的腐烂。

适宜大白菜的储藏温度为 -1 ~ 1℃，相对湿度为85% ~ 90%。收获期对大白菜储藏很重要，应根据当地条件适时采收。在品种选择上，一般选择晚熟的品种作为储藏的品种。储藏方式包括：堆藏、窖藏和冷库储藏。

> **提示** 收获过早，气温较高，对储藏不利，同时也影响产量；收获过晚，气温低，易使叶球在田间受冻。

## 番茄的储藏

绿熟果实适宜的储藏温度为 10 ~ 12℃。红熟果实适宜的储藏温度为 0 ~ 2℃，相对湿度为 85% ~ 90%，$O_2$ 和 $CO_2$ 浓度均为 2% ~ 5%。若用于长期储藏应选用绿熟果实。简易气调储藏番茄目前在生产中比较多用。在 10 ~ 13℃下，控制塑料袋中 $O_2$ 和 $CO_2$ 均为 2% ~ 5%，结合防腐处理，可储藏 30 ~ 45 d。

不同成熟度的果实储藏温度差别的原因：番茄原产于南美洲热带地区，不能耐受低温，若在低温条件下放置时间过长，会导致冷害的发生。冷害的表现为番茄不能正常成熟，也就是绿熟果实即使放到常温下也不能转红。而红熟番茄则不存在这个问题。

## 辣椒的储藏

辣椒品种间耐储藏性差异较大，一般色深肉厚、皮坚光亮的晚熟品种较耐储藏。采收时要选择果实充分膨大、皮色光亮，萼片及果梗呈鲜绿色，无病虫害和机械伤的完好绿熟果。采摘辣椒时，捏住果柄摘下，防止果肉和胎座受伤。储藏时把辣椒放入 0.03 ~ 0.04 mm 厚的聚乙烯辣椒保鲜袋内，每袋装 10 kg，有顺序地放入库内的菜架上。也可将保鲜袋装入果箱，折口向上，然后将果箱码起，保持库温 8 ~ 10℃，相对湿度 80% ~ 90%。储藏期间定期通风，排除不良气体。此法可储藏 45 ~ 60 d。效果良好。

辣椒也是冷敏性果实，若储藏温度过低，同样有冷害症状的发生。

## 菜豆的储藏

用于储藏的菜豆，应选择荚肉厚、纤维少、种子小、锈斑轻、秋熟的品种。秋熟菜豆采收一般在早霜到来之前进行，收获后把老荚及带有病虫害和机械伤的挑出，选鲜嫩完整的豆荚储藏。菜豆可以进行简易气调储藏，具体操作步骤为：在9℃ ±1℃的冷库中先将菜豆预冷，待菜豆温度与库温基本一致时，用厚度为0.015 mm PVC 塑料袋包装，每袋5 kg左右，将袋子单层摆放在菜架上，保鲜效果良好。也可将预冷的菜豆装入衬有塑料袋的筐或箱内，折口存放。

**注意事项** 菜豆也是冷敏性果实，若储藏温度过低，同样有冷害症状的发生。菜豆对 $CO_2$ 较为敏感，1% ~2% 的 $CO_2$ 对锈斑产生有一定的抑制作用，但超过2% 时会使菜豆锈斑增多，甚至发生 $CO_2$ 中毒。储藏过程中，应注意经常通风换气，避免放置袋内 $CO_2$ 过高。

## 蒜薹的储藏

采收适期为蒜苞开始弯曲时。采前7 ~10 d 停止灌水，雨天和雨后采收的蒜薹不宜储藏。采收后，在阴凉通风处加工整理，有条件的最好放在0 ~5℃的预冷间，在预冷过程中进行选条、捆把和修剪。

- **选条** 解开薹梢，理顺薹茎，扒掉残留的叶鞘，剔除不宜储藏的伤条、病条、开苞条、退色条、软条等薹条。
- **捆把** 将选好的薹条薹苞对齐，用聚丙烯塑料纤维绳捆在薹苞以下3 ~5 cm 处的薹茎部位，每捆重量1.0 ~1.5 kg。捆把不可太紧，以免勒伤蒜薹。
- **修剪** 剪去薹条基部老化的薹白，老化到哪里就剪到哪里，茎部剪口处要整齐新鲜。凡基部干萎、断口不整齐、呈斜面或鼠尾状的必须剪掉，剪口要与薹条垂直，不要剪成斜面。若断口新鲜整齐，或断口已形成愈伤组织可以不剪，薹稍剪留长度 10 ~ 12 cm。加工好的蒜薹定量放入周转箱内，立即送入冷库上架预冷。蒜薹不宜在阴棚下长期堆放。

**提示** 加工时间总计不得超过24 h，为此，要运来一车加工一车。

- **包装** 蒜薹一般使用硅窗气调袋进行简易气调储藏。要求架上预冷，架上装袋，不要架下装袋，这样既降低劳动强度，又不易造成塑料袋破裂。喷过药薹梢已干的蒜薹可装袋。装袋工人要修剪指甲，戴上手套，避免划破塑料袋。

**注意事项** 装袋时一定要理顺薹条，薹梢朝外，感官整齐。薹条要装到袋底，装口处尽量留出空隙，扎口处避免紧贴薹梢，以防薹梢贴膜引起霉变。一般要求袋口处有 5 ~ 10 cm 的空间，每袋装量要基本一致，以便袋内气体容量相同。装袋后先临时将袋口挽起，以防止蒜薹失水和袋内结露积水，待装袋全部结束后，库温、品温均降至接近储藏温度时再扎封袋口，否则会造成袋内早期结露、湿腐。收口时注意袋内不可装气过多，也不可挤气过瘪，均匀收口，做到每袋盛气量基本一致，袋口扎紧不漏气。

## 马铃薯的储藏

马铃薯具有不易失水和愈伤能力强的特性，在收获后需经过一段休眠期，一般为 2 ~ 3 个月。马铃薯储藏的适宜温度为 3 ~ 5℃。储藏环境的适宜湿度为 80% ~ 85%。储藏温度是延长马铃薯休眠期的关键因素，在适宜的低温下马铃薯休眠期长，特别是初期低温对延长休眠期有利。储藏方式有：堆藏、沟藏、窖藏和冷库储藏。

### 冬瓜、南瓜的储藏

冬瓜有青皮冬瓜、白皮冬瓜和粉皮冬瓜之分。青皮冬瓜的茸毛及白粉均较少，皮厚肉厚，质地较致密，不仅品质好，抗病能力也较强，果实较耐储藏。粉皮冬瓜是青皮冬瓜和白皮冬瓜的杂交种，早熟质佳，也较耐储藏。南瓜品种主要有黄狼南瓜、盆盘南瓜、枕头南瓜和长南瓜等。黄狼南瓜质嫩耐糯、味极甜，盆盘南瓜肉厚而含水量较多，长南瓜品质中等。除枕头南瓜水少、质粗、品质差而不宜储藏外，其他3个品种均耐储藏。

**注意事项**　冬瓜和南瓜储藏的最适温度为10～13℃，若温度低于10℃，则会发生冷害。空气相对湿度为70%～75%。由于这些储藏条件在自然条件下容易实现，因此常采取窖窖或室内储藏。

## 话题3　蔬菜的病害与防治

### 什么是蔬菜的霜霉病

霜霉病是由真菌中的霜霉菌引起的植物病害。霜霉病的发生和流行与温度、湿度、播种期、品种抗病性、栽培管理等有关。霜霉孢子萌发温度为8~12℃，侵入适温为16℃，侵入后菌丝体在菜株体内生长适温为20~24℃，尤其是气温24℃时，不仅有利于病菌的生长发育，也有利于病斑的形成。孢子囊的形成要有水滴或露水。因此，阴雨天气，空气湿度大或结露时间长时，此病易流行。

**小知识** 白菜感染霜霉病后的症状：叶片被霜霉侵害时，最初在叶正面产生淡绿色病斑，后逐渐扩大，色泽由淡绿转为黄色至黄褐色，因受叶脉限制而成多角形或不规则形，在叶片背面的病斑上产生白色霜状霉，病斑后期变褐色。在空气潮湿时，病情急剧发展，病斑数目迅速增加，叶背面布满白霉，最后叶片变黄、干枯。

## 什么是蔬菜的软腐病

软腐病是由致病菌引起的植物病害，在每种蔬菜上都可发生。发病时植物组织萎蔫腐烂。病菌随残体遗留在土壤或肥料中越冬，或在一些昆虫体内越冬，是重要的初侵染源。自然传播媒介是昆虫、雨水、灌溉水。由伤口侵入寄主。

**小知识** 白菜感染软腐病后的症状：发病初期从外面看不出什么症状，随病情发展，植株外围叶片在阳光照射时顶端萎垂，日落又能恢复正常；经过几天反复，外围叶片不能恢复，露出叶球。发病严重的植株，结球小，叶柄基部和根茎处心髓腐烂，用脚一踢即落，根茎充满灰黄色黏稠物，臭气四溢。

## 什么是蔬菜的冷害

冷害是果蔬在低温中表现出的生殖代谢不适应的现象，又称“低温伤害”。常见症状是果面上出现凹陷斑点、水渍状病斑、萎蔫，果皮、果肉或种子变褐，不能正常后熟，果蔬风味变劣，出现异味甚至臭味，加速腐烂。不同果蔬冷害症状有所区别。冷害症状通常是果蔬处于低温下出现的，但有时在低温下症状并不明显，移到常温后反而很快腐烂。

为减轻冷害的损失，应避免在冷害温度下储藏蔬菜。如采前已受到冷害温度的影响，采后宜短时间放在较温暖处，或用缓慢回温的方法，可防止出现冷害症状。储运中遇到冷害温度，用变温或间歇加温处理也可延缓冷害症状的出现。如果果蔬已严重受到冷害影响，应维持原来的库温或比原库温稍低，并尽快出库销售。

**小知识** 冷害产生的原因：植物遭受冷害，主要是细胞膜系统被破坏，膜的相变使正常的代谢受阻，导致冷害症状出现。

## 二氧化碳和低氧对蔬菜的伤害

• 蒜薹受到二氧化碳伤害后前期表现为薹梗上出现小黄斑，以后逐渐扩大为下陷的圆坑或不规则的圆坑，陷坑的进一步发展，使薹梗软化，或陷坑扩大使薹梗折断，薹包由绿色变为灰白色，进而发展为水渍状，色暗透明，有浓厚的酒味和异味。

- 菜豆对二氧化碳极敏感，在浓度高于2%条件下，锈斑病严重发生，并致组织坏死。
- 二氧化碳高于7%～10%会致黄瓜明显伤害，内部褐变，导致腐烂。

> **提示** 二氧化碳伤害的防止方法：二氧化碳应该控制在较低浓度范围内。平时注意对库内进行通风换气，防止二氧化碳积聚过多。另外，也可以在库内放置硝石灰对过多的二氧化碳进行吸收。

- 低氧伤害和二氧化碳伤害的症状比较相似，遭受低氧伤害的蔬菜表皮产生局部下陷和褐色斑点，有的不能正常成熟，并产生异味。
- 马铃薯在低氧下会产生黑心，茄子在低氧下，表皮产生局部凹陷变为褐色。

## 蔬菜的重金属和亚硝酸盐残留

重金属主要通过大气和土壤两种途径进入蔬菜，污染的原因主要有土壤本身、大气粉尘、灌溉水等。导致蔬菜重金属含量超标的主要原因是工业“三废”和城市垃圾的不合理排放，造成种植环境的污染，从而使蔬菜重金属含量超标，表现最突出的是铅和镉。由于某些饲料中加入了含有重金属的添加剂，导致大量使用由畜禽粪便沤制的有机肥，也会造成重金属污染。对于肥料引起的污染，尽管在国外已经有了很多的研究，可是在国内尚未引起人们的足够重视。降低肥料原料中的重金属含量，并对其提出限量指标，完善肥料的产品标准并有效加以执行，是降低重金属含量一个重要方面。

亚硝酸盐的产生，是因为在蔬菜栽培中往往大量施用化肥，植物吸收的多余氮肥以“硝酸盐”形式积存在叶片中。各部位硝酸盐含量不同：蔬菜的茎叶部最高，根部次之，茄果最低。

**小知识** 亚硝酸盐产生的原因：蔬菜采收之后，在硝酸还原酶的作用下，硝酸盐被还原为亚硝酸盐，使得蔬菜中亚硝酸盐含量升高。同时，维生素 C 养分素的含量却会降低。储藏温度越高，这种变化就越快。在夏季，假如将绿叶蔬菜放在室温下 24 小时，其维生素 C 几乎全部损失，而其中的亚硝酸盐浓度可以上升几十倍乃至几百倍。

## 蔬菜病害的控制方法

### 1. 农业防治

- 选用抗（耐）病虫品种，加强栽培管理，建立间作、轮作制度，合理布局茬口，提倡水旱轮作和反季节栽培等农艺措施。

- 因地制宜地选用优质高产、抗（耐）病虫品种。采用抗性嫁接育苗。

- 种子处理和苗床消毒。播种前采用温烫浸种或药剂拌种等消毒。苗床可在高温季节利用太阳曝晒或药剂进行土壤消毒。

- 适时播种，培育壮苗。根据当地气象条件和蔬菜品种特性，选择适宜的播种期。采用温室育苗，营养钵育苗，移栽前炼苗等方法增强抗病力。

● 精心管理，改善菜地生态环境。根据不同作物合理密植。保护蔬菜应控制好温湿度，适时中耕除草，合理肥水管理，适时采收。

● 清洁田园。生产过程中要及时摘除病枝、残叶、病菜等，并将其带出田外深埋或烧毁，减少传播源；采收后及时清除废弃地膜、秸秆、病株、残叶等，并集中处理。

**2. 物理防治**

● 利用害虫对颜色的趋性进行诱杀。如田间悬挂黄色黏虫胶纸（板）可防治蚜虫、白粉虱、美洲斑潜蝇等害虫，蓝色胶板可防治棕榈蓟马。

● 利用地膜、黑膜、防虫网等各种功能膜防病、抑虫、除草。

● 利用害虫对某些物质的趋性诱杀，如利用糖醋液、性信息素、杨树枝等诱杀害虫。

● 利用害虫趋光性诱杀。如利用白炽灯、高压汞灯、频振式诱虫灯诱杀夜蛾科害虫。

● 利用热能进行防治。高温处理种子，如晒种、温烫浸种等，高温灭杀土壤中病虫，高温闷棚抑制病情。

**3. 生物防治**

● 保护和利用瓢虫、草蛉、食蚜蝇、猎蝽、蜘蛛等害虫捕食性天敌和赤眼蜂、丽蚜小蜂等害虫寄生性天敌。

● 利用微生物农药或制剂。如利用苏云金杆菌（Bt）、蚜霉菌、白僵菌、绿僵菌、昆虫病毒等病原微生物，微孢子虫等原生动物，拮抗微生物（5406 菌肥、木霉素等）、农抗（120）、武夷霉素、农用链霉素等，抗菌剂（410、402）等微生物农药防治病虫。

• 利用藜芦碱醇溶液、苦参素、苦楝素、烟碱、双素碱、鱼藤精、除虫菊酯等植物源农药防治多种害虫。

**4. 化学防治**

• 合理选用农药，根据蔬菜有害生物发生实际对症用药，因防治对象、农药性能以及抗药性程度不同而选择最合适的农药品种。能挑治的不普治，根据防治指标适期防治，选用合理的施药器材和施药方法，减少农药使用次数和用药量，减少对蔬菜和环境的污染。

• 优先使用植物源、微生物源和昆虫生长调节剂等农药，有限量合理使用矿物源农药（硫、铜制剂）。

• 有限度地使用部分高效低毒的化学农药，注意选用品种、使用次数、使用方法和安全间隔期等。

• 蔬菜产地农药的使用要遵照《中华人民共和国农药管理条例》（中华人民共和国国务院令第326号，公布《国务院关于修改〈农药管理条例〉的决定》，自二〇〇一年十一月二十九日施行）《中华人民共和国农药管理条例实施办法》（中华人民共和国农业部令第9号《关于修订〈农药管理条例实施办法〉的决定》，经2007年12月6日农业部第15次常务会议审议通过，于2008年1月8日起发布实施）等有关规定。

# 第五讲

# 果品生产加工与运输安全

## 话题1　果品采摘与商品化处理

### 我国主要水果种类

● **仁果类**　仁果的果实中心有薄壁构成的若干种子室，室内含有种仁。可食部分为果皮、果肉。如苹果、梨、山楂等。

● **核果类**　核果是果实的一种类型，属于单果，常见于蔷薇科、鼠李科等植物中。许多果实为核果的植物都被人类作为水果食用，如桃、樱桃、杏、枣等。核果由子房上部的单心皮雌蕊发育而来。外果皮薄，中果皮常肥厚多汁，内果皮呈木质，质地坚硬，可以很好地保护其中包裹的种子，是核果独有的特征。内果皮中通常只有一枚种子。

● **坚果类**　坚果为开花植物或被子植物成熟后的子房。人们习惯上把裹着坚硬外壳的诸多植物种子统称为坚果。如核桃、板栗、山核桃、松子、椰子等。

● **浆果类**　浆果简单地讲就是水分含量很高，果肉呈浆状的一类水果。如葡萄、草莓、木瓜、猕猴桃、桑葚、番木瓜等。

## 水果的采后商品化处理

### 1. 采收

● **机械采收**　机械采收适于那些成熟时果梗与果枝间形成离层的果实，一般使用强风或强力振动机械，迫使果实从离层脱落，在树下铺垫柔软的帆布垫或传送带承接果实并将果实送至分级包装机内。主要优点是采收效率高，节省劳动力，降低采收成本。

● **人工采收**　作为鲜销和长期储藏的果品最好人工采收。人工采收灵活性强，机械损伤少，可以针对不同的产品、不同的形状、不同的成熟度，及时进行采收和分类处理。

#### 人工采收果品时的注意事项

◆ 采收时间　果品的采收时间应选择晴天露水干后进行。不同种类采收时间有差异，如葡萄在晴天上午晨露消失后进行采收，有利于降低果实的膨压，减少果皮破裂，防止微生物侵染。阴雨连绵时采收对所有果实都不利。

◆ 分期分批采收　同一植株上的果实由于花期或各自所处的光照和营养状况不同，成熟早晚有差异，在采收果品时，应按照“先下后上，先外后内”的原则进行。

◆ 采收人员　应剪短指甲或戴上手套再操作，轻拿轻放，保证产品的完整性。采后应避免日晒雨淋，及时分级、包装、预冷、运输或储藏。

人工采收前应该准备采收梯、采收袋、采收剪和采收筐，如图 5—1 所示。

采果梯

采果袋

采果剪

采果筐

图 5—1　人工采收工具

### 2. 清洗

果品由于受生长或储藏环境的影响，表面常带有大量泥土污物，严重影响其商品外观，所以果品在上市销售前常需进行清洗。在清洗过程中应注意清洗用水必须清洁。

果品清洗后，清洗槽中的水含有高浓度的真菌孢子，需及时换水。清洗槽的设计应做到便于清洗，可快速简便排出或灌注用水。另外，可在水中加入漂白粉或 50 ~ 200 ml/L的氯消毒，以防止病菌的传播。

### 3. 杀菌剂处理

利用杀菌剂防腐是一种经济、高效和简便的控制果品病害的方法，但一种药剂往往只能控制某些特定种类的采后病害，因此要根据果品种类及易发生病害的种类，选用高效、无害的抑菌剂。

如可选用蒂腐灵（1 000 倍） + 施保克（2 000 倍）处理，最好在 2℃ ±2℃ 上述热药液中浸泡 5 分钟。杀菌剂处理后再用果蜡处理。

### 4. 分级

分级是果品商品化、标准化的重要手段，并便于果品的包装、运输及市场的规范化管理。果品收获后根据大小、色泽、重量、成熟度、新鲜度、感病或机械损伤情况等商品性状，按照不同销售市场所要求的分级标准进行大小或品质分级。

果品由于供食用的部分不同，成熟标准不一致，所以没有固定的规格标准。在许多国家果品的分级通常是根据坚实度、清洁度、大小、重量、颜色、形状、成熟度、新鲜度，以及病虫感染和机械损伤等多方面因素，进行分级。在我国一般是在形状、新鲜度、颜色、品质、病虫害和机械伤等方面已经符合要求的基础上，按大小和重量进行分级。

**小知识　　分级的作用**

◆ 通过分级可使果品等级分明，规格一致，方便包装、销售，贯彻优质优价的原则。

◆ 在分级的同时可剔除病虫伤果，减少储运过程中的腐烂损耗。

◆ 通过分级，对于残次果，就地销售加工处理，减少浪费现象。

**5. 预冷**

预冷就是将果品温度迅速降低到规定温度的操作过程。果品采摘后仍具有生命力，有着旺盛的呼吸作用，若不及时处理，将导致果实品质迅速下降。预冷可以降低产品呼吸作用，延缓其成熟衰老的速度，从而可以提高产品的品质。如今，预冷已经成为采后不可或缺的一个环节。

**小知识　　预冷的作用**

- 除去田间热，迅速降低品温。
- 控制果品采后生理生化的变化。
- 减少微生物的侵染和营养成分的损失。

- **自然降温冷却**　自然降温冷却是将采后的果品放在阴凉通风的地方，使其自然散热的冷却方式。这种方式冷却的时间较长，受环境条件影响大，而且难以达到产品所需要的预冷温度。但是在没有更好的预冷条件时，自然降温冷却仍然是一种应用较普遍的方法。

- **水冷却**　水冷却是用冷水冲淋产品，或者将果品浸在冷水中，使果品降温的冷却方式。由于果品的温度会使水温上升，因此，冷却水的温度在不使产品受冷害的情况下要尽量低一些，一般为0～1℃。

- **冷库空气冷却**　冷库空气冷却是将果品放在冷库中降温的冷却方式，是一种简单的预冷方法。苹果、梨、柑橘等都可以短期或长期储藏在冷库内进行预冷。

- **强制通风冷却**　强制通风冷却是在包装箱堆或垛的两个侧面造成空气压力差而进行的冷却方式。当压差不同的空气经过货堆或集装箱时，会将产品散发的热量带走，达到冷却的目的。

- **包装加冰冷却**　包装加冰冷却是一种古老的方法，就是在装有果品的包装容器内加入细碎的冰块。它适于那些与冰接触不会产生伤害的果品或需要在田间立即进行预冷的产品，一般采用顶端加冰，如图5—2所示。

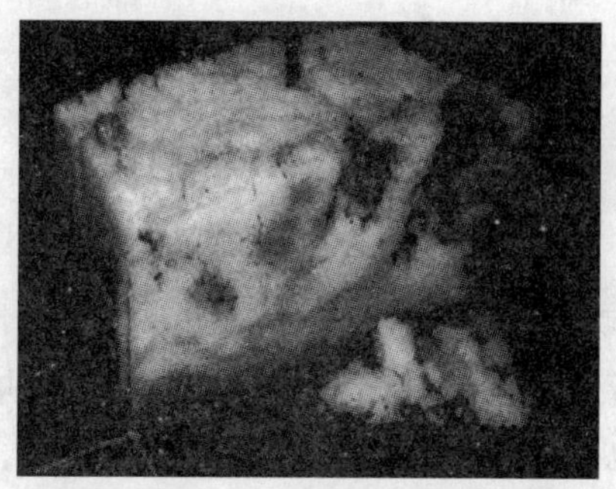

图 5—2　包装加冰冷却西兰花

### 6. 包装

果品包装是增加商品价值和实现商品价值的一种手段，是有形商品进入流通领域的必备条件。果品包装是标准化、商品化，保证安全运输和储藏的重要措施。

**小知识　　包装对果品的作用**

◆ 通过包装能改善果品外观，提高果品在市场的竞争力。

◆ 通过包装可防止有害病菌在果品间的传播蔓延，减少腐烂。

◆ 通过包装可减少果品内水分的过度蒸发，有助于果品保持新鲜状态。

◆ 果品包装后，还能减少果品之间的碰撞、挤压、摩擦，减少机械损伤。

### 7. 运输

在运输时，须防止包装移动和限制码堆负荷，不宜堆叠过高，以利空气流通，又能防止负荷压坏包装。

## 话题2 果品储藏

### 果品堆藏方法

首先选择地势较高的地方，将果品就地堆成圆形或长条形的垛；也可堆成屋脊形顶，以防止倒塌，或者装筐堆成4～5层的长方形。堆内要注意留出通气孔，通风散热。根据气温变化，分层加盖覆盖物，随着外界气候的变化，逐渐调整覆盖的时间和厚度，以维持堆内适宜的温湿度。并防冻、防风、防雨。常用的覆盖材料有苇席、草帘、作物秸秆、松针和土等，一般就地取材。在储藏初期，白天气温较高时覆盖，晚上打开放风降温，当果品温度降到接近0℃，则随着外界温度的降低增加覆盖物的厚度，防止产品受冻。

**小知识** 堆藏使用方便，成本低，覆盖物可以因地制宜，就地取材。这种储藏方式一般用于入库前的预冷或短期储藏。堆藏是在地面上直接堆积，受外界气候影响较大，如冬季保温较为困难，储藏的效果在很大程度上取决于堆藏后对覆盖的管理，应根据气候的变化及时调整覆盖的时间、厚度等。

### 果品沟（埋）藏方法

沟（埋）藏方法

是将采收后的果品在田间挖沟埋藏，预储降温，除去果实的田间热，降低呼吸热。

• **沟（埋）藏的特点** 沟（埋）藏使用时可就地取材，成本低，并且可充分利用土壤的保温、保湿性能，使储藏环境有一个较恒定的温度和相对稳定的湿度。

• **沟（埋）藏沟的要求** 沟（埋）藏沟为长方形，方向应根据当地气候条件而定，在寒冷地区为减少严冬寒风的直接袭击，以南北长为宜；在较温暖地区，为了增大迎风面，加强储藏初期和后期的降温作用，以东西长为宜。沟的长度应根据储量而定。沟的深度一般在0.8~1.8 m为宜。寒冷地区宜深些，过浅果品易受冻；温暖地区宜浅些，防止果品伤热腐烂。沟的宽度一般以1.0~1.5 m为宜，它能改变气温和土温作用面积的比例，对储藏效果影响很大。加大宽度，果品储藏的容量增加，散热面积相对减少，尤其储藏初期和后期果蔬容易发热。

• **沟（埋）藏的方法** 按要求挖好储藏沟，在沟底平铺一层洁净的干草或细沙，将经过严格挑选的产品小心地分层放入，也可整箱整筐放入。对于容积较大较宽的储藏沟，在中间每隔1.2~1.5 m插一捆秸秆，或在沟底设置通风道，以利于通风散热。随着外界气温的降低逐步进行覆土。为观察沟内的温度变化，可用竹筒插一只温度计，随时掌握沟内的情况。最后沿储藏沟的两侧设置排水沟，以防外界雨、雪水的渗入。

## 果品窖藏方法

窖藏是在沟藏的基础上演变和发展起来的一种储藏方式，形式多种多样，有代表性的如棚窖、井窖、窑窖、通风库。与埋藏相比，它配备了一定的通风、保温设施，不仅可以调节和控制窖内的温度、湿度、气体成分，而且管理人员可以自由进出检查产品。如图 5—3 所示。

图 5—3　窖藏苹果

## 小知识　窖藏的管理方法

◆ 在果品入窖前，要彻底清扫并消毒。消毒可用硫黄熏蒸（0.01 $kg/m^3$），也可用 1% 的甲醛溶液喷洒，密封两天通风换气后使用。储藏所用的篓、筐等，使用前用 0.05% ~0.5% 漂白粉溶液浸泡 0.5 h，然后用毛刷刷洗干净，晾干后使用。

果品经挑选预冷后即可入窖储藏。窖内堆码时，果品与窖壁、果品与果品、果品与窖顶之间应留有一定间隙，以便翻动和空气流动。

◆ 整个储藏期分三个阶段管理。入窖初期，要在夜间全部打开通气孔，引入冷空气，达到迅速降温的目的。储藏中期，主要是保温防冻，须关闭窖口和通气口。储藏后期严冬已过，应选择在温度较低的早晚通风换气。随时检查产品，发现腐烂果品，及时除去，以防交叉感染。

◆ 果品全部出窖后　应立即将窖内打扫干净，同时封闭窖门和通风孔，以便秋季重新使用时，窖内的保持较低的温度。

## 果品通风库储藏方法

通风储藏库多建成长方形或长条形，为了便于管理，库容量不宜过大，目前我国各地发展的通风储藏库，通常跨度5~12 m，长30~50 m，库内高度一般为3.5~4.5 m，库顶有拱形顶、平顶、脊形顶。如果要建一个大型的储藏库，可分建若干个库组成一个库群，北方寒冷地区大多将库房分为两排，中间设中央走廊，宽度为6~8 m，库房的方向与走廊垂直，库门开向走廊，走廊的顶盖上设有气窗，两端设双重门，以减少冬季寒风对库内温度的影响。温暖地区的库群以单设库门为好，以便利用库门通风换气。

### 小知识　通风库储藏管理方法

每次清库后，要彻底清扫库房，一切可移动、拆卸的设备、用具都搬到库外进行日光消毒。

各种果品最好先包装，再在库内堆成垛，或放在储藏架上，垛四周要漏空，便于通气。秋季产品入库之前充分利用夜间冷空气以尽可能降低库体温度。入储初期，以迅速降温为主，应将全部的通风口和门窗打开，必要时还可以用鼓风机辅助。实践证明在排气口装风机将库内空气抽出，比在进气口装吹风机向库内吹风要好。随着气温的逐渐下降应缩小通风口的开放面积，到最冷的季节关闭全部进气口，使排气筒兼进、排气作用，或缩短放风时间。

## 果品机械冷藏方法

机械冷藏是在利用良好隔热材料建筑的仓库中，通过机械制冷系统的作用，将库内的热传送到库外，使库内的温度降低并保持在有利于延长产品储藏期的温度水平的一种储藏方式。

**1. 适宜的温度**

大多数新鲜果品在入储初期降温速度越快越好，入库产品的品温与库温的差别越小越有利于快速将储藏产品冷却到最适储藏温度。

在选择和设定适宜储藏温度的基础上，需维持库房中温度的稳定。储藏过程中温度的波动应尽可能小，最好控制在±0.5℃以内，尤其是相对湿度较高时更应注意降低波动幅度。

**注意事项** 冷藏库温度管理的宗旨是适宜、稳定、均匀及产品进出库时的合理升降温。冷藏库房内温度的监控，可采用自动化系统实施。

**2. 适宜的湿度**

对于绝大多数新鲜果品来说，相对湿度应控制在80%～90%，较高的相对湿度对于控制新鲜果品的水分散失十分重要。

新鲜果品的储藏也要求相对湿度保持稳定。要保持相对湿度的稳定，维持温度的恒定是关键。

**注意事项** 当相对湿度低时需对库房增湿，如地面洒水、空气喷雾等。当相对湿度过高时，可用生石灰、草木灰等吸潮，也可以通过加强通风换气来达到降湿的目的。

### 3. 保持通风换气

库房中空气循环及库内外的空气交换可能会造成相对湿度的改变，管理时须引起足够重视。

- 通风换气是机械冷藏库管理中的一个重要环节。
- 通风换气的频率及持续时间视储藏产品的数量、种类和储藏时间的长短而定。对于新陈代谢旺盛的产品，通风换气的次数要多一些。产品储藏初期，可适当缩短通风间隔的时间，如10 ~ 15 d 换气一次。当温度稳定后，通风换气可一个月一次。
- 通风时要求做到充分彻底。
- 通风换气时间的选择要考虑外界环境的温度和湿度，理想的条件是在外界温度和储温一致时进行，防止库房内外温度不同带入库内，使库内过热或过冷对产品带来不利影响。生产上常在每天温度相对最低的晚上到凌晨这一段时间进行。雨天、雾天等外界湿度过大时不宜通风，以免库内湿度变化太大，而带来不利影响。

> **注意事项** 新鲜果品在储藏过程中，要进行储藏条件（温度、湿度、气体成分）的检查和控制，并根据实际需要记录和调整。对储藏的产品要进行定期检查，了解产品的质量状况，做到心中有数，发现问题及时采取相应的解决措施。

## 果品气调储藏方法

气调储藏（CA 储藏）即调节气体成分储藏，是调节控制果品储藏环境中气体成分的冷藏方法。它是一种减少环境中的氧气，增加二氧化碳的综合质量控制方式，除控制储藏环境的温度、湿度外，还同时控制气体条件，形成有利于保持果品品质的综合环境，被认为是当前储藏果品效果最好的储藏方式。

## 果品保鲜剂储藏方法

• **利用涂膜处理保鲜果品**　涂膜处理是在采摘后果品的表面人工涂被一层薄膜，起到延缓代谢、保护组织、美化商品的作用。涂膜是一种简便且有类似气调作用的处理。通常用蜡（石蜡、蜂蜡、虫蜡）、天然树脂（虫胶）、脂类（棉籽油）、明胶等造膜物质制成适当浓度的水溶液或乳液，施于果品表面，形成一层透明被膜。

• **利用化学防腐剂保鲜果品**　果品采摘后可用一些化学防腐剂处理，以减少果品储藏过程中的病腐损失。目前应用的化学防腐剂主要有仲丁胺、托布津、多菌灵等。

• **利用乙烯脱除剂保鲜果品**　一些呼吸跃变型果品，如苹果、香蕉、番茄等，在采后储运中，对乙烯气体很敏感，容易受低浓度乙烯刺激，诱发果蔬迅速后熟。在采收后 1 ~5 d 内施用乙烯脱除剂，可以抑制其呼吸作用，延长其储藏期。

• **利用气体调节剂保鲜果品**　气体调节剂主要是用来调节影响果品储藏保鲜效果的 $O_2$ 和 $CO_2$ 气体浓度，或脱除，或发生；以延长果品的储藏期。如脱 $O_2$ 剂、脱 $CO_2$ 剂、$CO_2$ 发生剂等。

• **利用湿度调节剂保鲜果品**　在果品储藏过程中，为保持一定湿度，可采用在薄膜包装的果品容器中，施用水分蒸发抑制剂和防结露剂的方法来调节温度，以达到提高储藏效果的目的。

• **利用生理活性调节剂保鲜果品**　生理活性调节剂指对

植物生长、成熟过程具有生理活性的物质，其或可刺激植物生长、成熟，或可调节植物生长、成熟。可利用其在储藏过程中抑制果品呼吸代谢，延缓果品衰老过程。

- **利用气体发生剂保鲜果品** 气体发生剂是挥发性物质，或经化学反应能产生气体，这些气体能杀菌消毒或释放乙醇催熟果品。

### 果品辐射储藏方法

辐射储藏果品主要是利用钴－60为放射源，产生具有较强穿透能力的β－射线来照射果品。当其穿过生物机体时，会使其中的水和其他物质发生电离作用，产生游离基或离子，从而影响到机体的新陈代谢过程，严重时则杀死细胞，从而杀死果品表面的各种病菌及发芽部位的细胞，延长果品储藏期。

## 话题3 果品病害与防治

### 果品青霉病的防治

青霉菌所致的病变，多发于苹果和柑橘类果品。主要发生在果实的伤口部位，病斑表面黄白色，稍凹陷，圆形或近圆形，果肉腐烂湿软，呈锥形往果心扩展。条件适宜时，十多天即可致全果腐烂，烂果肉具很浓的霉臭味。温度较高时，病斑表面长出小瘤状霉块，初期白色，以后变为蓝绿色，上面被覆粉状物，为病菌的分生孢子梗和分生孢子。

- 尽量减少果实的机械伤。
- 入储果要严格挑选，剔除伤、残、病、虫果。

- 采收包装用工具和储藏场所要严格消毒。
- 入储前喷500～1 000 ppm 的托布津或多菌灵。
- 改善储藏条件，降低储藏温度，在气调中采用低温、低氧和高二氧化碳的气调成分指标，可抑制真菌的活动。

## 果品软腐病的防治

软腐病病菌在空气中广泛存在，多从果实伤口或其他病斑部位入侵，在0～2℃时能缓慢发病；温度升高时，病斑扩展加快。果皮病斑呈水渍状，淡褐色，果肉腐烂变褐，形状不规则，条件适宜时，整个果实会很快烂掉。

- 采收不宜过晚，小心采摘、装运，避免擦伤、撞伤、压伤。
- 采收时，过熟果实不宜与正常成熟的果实混装在一起。
- 采后预冷，24 h 内将温度降低到10℃。
- 低温储运十分重要，通常控在5～8℃。
- 保持通风换气，定期检查。

## 苹果苦痘病的防治

苹果苦痘病是果实含钙量较低及氮钙比较高引起的病变，也与成熟期气温高、干旱、水分失调、修剪过重、储期温度过高有关。发病初期果皮下果肉发生褐变，果面出现色稍暗凹陷圆斑，绿色品种圆斑呈深绿色，红色品种圆斑呈紫红色。斑下果肉坏死干缩，深达果肉内数毫米至1 cm，味微苦。此后病斑显著凹陷，变为深褐色至黑褐色。病斑发生部位靠近果顶，储藏初期1～2 个月间发病最重。如图5—4 所示。

• **选用抗病品种和砧木** 生产上不同品种、砧木对苦痘病的感病性具明显差异，所以应当选用抗病品种和砧木，对发病严重的品种，采用高接抗病品种的方法以减轻危害。

• **改善栽培管理条件** 合理修剪，适时采收，增施有机肥和绿肥，严防偏施和晚施氮肥，改良土壤，早春注意浇水，雨季及时排水，适时适量施用氮肥，防止过量氨态氮的积累。

• **叶面、果实喷钙** 盛花期后隔 2 ~ 3 周喷 1 次，直到采收。红色品种在往年发病前 2 ~ 3 个月喷氯化钙 150 ~ 200 倍液；黄色、绿色品种喷硝酸钙共 4 ~ 6 次。但应注意，气温高于 21℃易发生药害，喷洒前应试喷，以确定适当浓度。

• **增施钙肥** 在苹果谢花后 30 d 左右，每隔 15 ~ 20 d，喷 1 次 0. 3% 的硝酸钙液，直至采果前 20 d 左右，效果较好。该药在气温高时叶片上易发生药害，需注意。最好是在秋施基肥时施用，同时增施骨粉，既增加有机质又补充了钙。

• **加强储藏期管理** 入库前用 2% ~ 8% 钙盐溶液浸渍果实，如 8% 氯化钙、1% ~ 6% 的硝酸钙等。储藏期要控制窖内温度不高于 0 ~ 2℃，并保护良好的通透性。有条件的采用小型气调库，必要时可把采摘后的苹果放入 1℃ 的预冷池中冷却，然后进入储藏，不仅储藏寿命得到延长，还可减少发病。

## 苹果虎皮病的防治

苹果虎皮病发生与果实采收过早、着色成熟度差、氮肥施用偏多有关，由环境温度过高，储藏后期果实衰老而诱发。多在果实储藏后期出现，发生在果实阴面绿色部分，初为淡黄色不规则斑块，后转为褐色至暗褐色，稍凹陷，病皮可轻轻揭下，严重时果肉发绵，略带酒味。如图 5—5 所示。

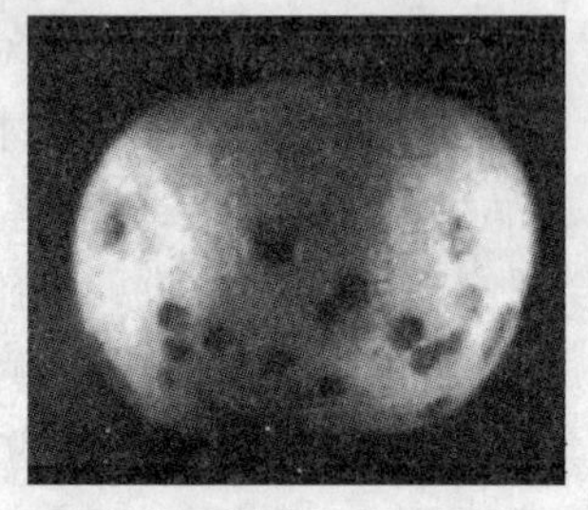

图 5—4　苹果苦痘病

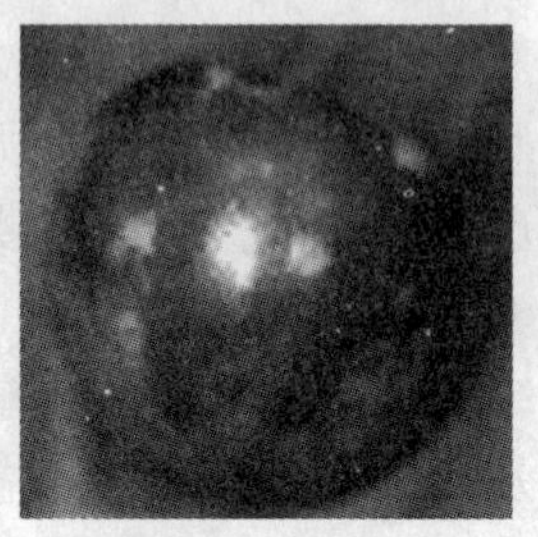

图 5—5　苹果虎皮病

- 适当提高采收成熟度，选择着色好的果实储藏。
- 利用气调储藏，加强库内通风换气，保持储藏器皿内 2%～3%的二氧化碳，控制库温在 0℃左右。
- 用矿物油纸单独包裹。
- 用含有二苯胺 1.5～2 mg 的纸或含有乙氧基石加奎 2 mg 的纸包果或在纸箱的隔板上喷撒 4 g 己氧基都有防治效果。

## 果品冷害的防治

果品冷害不同于冻害，它是指产品在冰点以上的不适低温下储运时所造成的生理伤害。热带亚热带水果如香蕉、菠萝、芒果、柠檬、荔枝、柑橘对低温特别敏感，温带水果如葡萄、苹果、梨等基本不出现冷害。冷害表现是果皮色变暗，表面出现水浸状或烫伤斑点，不能正常后熟等。低温冷害是限制果品储藏寿命的重要因素。

## 冷害的防治方法

- **适温储藏**　储藏温度若低于临界温度，且长期储藏时，就会有冷害症状出现；如果温度刚刚低于这个临界温度，那么冷害症状出现所需的时间相对要长一些。

- **间歇升温** 间歇升温即用一次或多次短期升温处理来中断低温对冷敏感果品的伤害。人们对间歇升温防止冷害已进行了深入的研究，有资料表明苹果、柑橘、桃、油桃、李等果品。在储藏中用中间升温的方法可增加其对冷害的抗性和延长储藏寿命。

- **变温处理** 例如鸭梨在储藏初期发生的黑心病是由于采后突然将温度降到0℃引起的低温生理伤害，若将入储温度提高到10℃，然后采取缓慢降温的方式，在30～40 d内，再将储藏温度降至0℃，可以减少鸭梨黑心病的发生。

- **调节储藏环境的气体成分** 气体组成的变化能够改变某些产品对冷害温度的反应。气调储藏有利于减轻鳄梨、葡萄柚、秋葵、番木瓜、桃、油桃、菠萝等的冷害。如鳄梨在 $O_2$ 2%和 $CO_2$ 10%及4.4℃的条件下储藏可以减轻其冷害。

- **湿度调节** 接近100%的相对湿度可以减轻冷害症状，相对湿度过低则会加重冷害症状。如大密哈香蕉在10℃下短时间内就会发生冷害，而用塑料袋包装的却没有发生冷害，其原因一方面是袋内的温度较高（11.6℃），另一方面可能是袋内湿度较高。高湿并不是使冷害减轻的直接原因，只是环境的高湿度降低了产品的蒸腾作用，同样，涂了蜡的葡萄柚凹陷斑之所以能降低也是因为抑制了水分的蒸发。

- **化学处理** 有一些化学物质有降低水分的损失、修饰细胞膜脂类的化学组成和增加抗氧物活性的作用，可以用来增加果蔬对冷害的忍受力，有效地减轻冷害。如储藏前用氯化钙处理可以减少鳄梨维管束发黑，减少苹果和梨因低温造成的内部降解，也可减轻番茄、秋葵的冷害，但不影响成熟。

• **激素控制**　生长调节剂会影响各种各样的生理和生化过程，而一些生长调节剂的含量还会影响果品组织对冷害的抗性。如用 ABA 进行预处理可以减轻葡萄柚的冷害，其原理可能是由于它们具有抗蒸腾剂的活性及对细胞膜降解有抑制作用。ABA 还可以通过稳定的微系统，抑制细胞质渗透性的增加及阻止还原型谷胱甘肽的丧失，使果品不受冷害。

# 第六讲
# 畜禽产品生产加工与运输安全

## 话题1 畜禽品种及主要制品

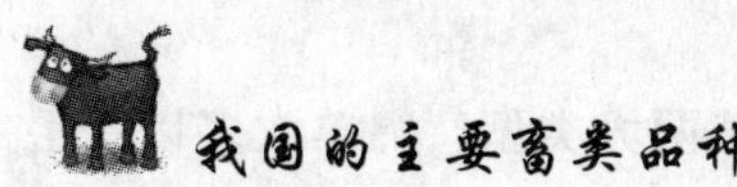

### 我国的主要畜类品种

我国的畜类品种繁多，可供人类食用的畜类品种不胜枚举，有饲养动物，也有野生动物，目前用于肉制品加工的畜类品种主要有猪、牛、羊、驴等，以猪、牛、羊为主。

**1. 猪**

根据其生产性能、体型和外貌特征，并综合考虑其起源、分布、饲养管理特点以及当地的自然条件等因素，可分为地方猪种、外来猪种、杂交猪种。

- **地方猪种**　东北民猪、太湖猪、金华猪、荣昌猪、藏猪、陆川猪等。
- **外来猪种**　大约克猪、长白猪、杜洛克猪、汉普夏猪等。
- **杂交猪种**　哈尔滨白猪、新淮猪、北京黑猪、汉中白猪等。

**2. 牛**

我国的牛种资源繁多，分为役用牛、肉用牛、乳用牛和毛用牛。

• **地方品种**　蒙古牛、秦川牛、晋南牛、麦洼牦牛、鲁西牛、延边牛、南阳牛、哈萨克牛、西藏牛、水牛、牦牛、短角牛等。

• **引进品种**　黑白花牛、西门塔尔牛、婆罗门牛、利木赞牛、海福特牛、夏洛来牛、摩拉水牛、尼里—拉菲水牛等。

• **培育品种**　三河牛、中国黑白花牛、新疆褐牛、草原红牛等。

**3. 羊**

我国的羊可分为绵羊和山羊两大类型，绵羊大多以产毛为主，有细毛羊、粗毛羊、半细毛羊等，还有一些产肉、羔皮、裘皮的绵羊。山羊的用途多样，以产乳为主的称为“乳山羊”，产肉为主的称为“肉山羊”，产绒为主的称为“绒山羊”，另外还有“毛用山羊”“裘皮山羊”等。

## 我国的主要禽类品种

我国常见的禽类品种，以鸡、鸭、鹅为主。按照经济用途主要分为蛋用型、肉用型和兼用型三类。

• **鸡**　鸡是我国最主要的禽类，品种繁多，其中鸡种分为白壳蛋系、褐壳蛋系、粉壳蛋系、北京油鸡、北京黄鸡、农昌2号鸡、罗斯蛋鸡、桃源鸡、浦东鸡、B-4蛋鸡、萧山鸡等。

• **鸭**　主要的鸭品种有绍鸭、麻鸭、北京鸭、金定鸭。

• **鹅**　主要的鹅品种有中国鹅、太湖鹅、狮头鹅。

> 另外，食用的禽类还有火鸡、肉鸽、鹌鹑、珍珠鸡、鹧鸪、鸵鸟等。

## 我国的主要畜禽产品

我国畜禽产品主要包括肉类产品、蛋类产品、乳类产品，其中肉、蛋产量占世界第一位。

在畜产品中，肉类产品占有重要地位，按加工处理的情况划分，肉类产品可分为生肉和肉制品两大类：

- **肉类产品**
  - 生肉
    - 热鲜肉
    - 冷冻肉
    - 冷却肉
  - 肉制品
    - 中式——腌腊、熏烤、酱卤、油炸、蒸煮等
    - 西式——火腿、香肠、小熏肠、午餐肉等

- **蛋类产品**
  - 鲜蛋——鸡、鸭、鹅、鹌鹑、鸽子蛋等
  - 蛋制品——松花蛋、咸蛋、糟蛋等

- **乳类产品**
  - 液体乳
    - 鲜奶
    - 脱脂乳
    - 调制乳
    - 发酵乳
  - 奶粉
    - 全脂奶粉
    - 脱脂奶粉
    - 调制奶粉

### 我国常见的畜禽肉制品

- **咸肉**　经过用盐腌制后的肉制品，在食用前要加热。如咸猪肉、咸羊肉、咸牛肉和咸鸡肉等。

- **腊肉**　经过用盐或是糖腌制后，再经过晾晒或是烘焙等工艺处理制成的产品，食用前要经过加热处理。这类产品有腊香味，如腊猪肉、腊牛肉、腊羊肉、腊鸡肉和板鸭等。

- **酱肉**　经过用盐、甜酱或酱油腌制后，再经过风干、晒干、烘干、熏干等工艺制成的肉制品，食用前要经过加热处理。如北京清酱肉、广东酱封肉、杭州酱鸭等。

- **风干肉**　经过腌制、洗晒、晾挂、干燥等工艺制成的肉制品，食用前需要进行加热处理。如风干猪肉、风干牛肉、风干羊肉、风干鸡、风干鸭、风干鹅等。

> 其他的还有肉干、腊肠、卤肉、火腿等。

## 话题2　畜禽产品加工与储藏

### 常见的畜禽肉加工方法

常见的畜禽肉加工方法有腌制、干制、烟熏、煮制、烧烤、油炸等。

- **腌制**　腌制是使用食盐、糖、调味料等对肉进行加工处理的方法。

- **干制**　干制是在自然条件或是人工条件下让肉中的水

分蒸发的过程，它是最早的肉制品保藏方法。自然干燥为风干和晒干，人工干燥为热风干燥和热气干燥。

- **烟熏** 烟熏是加热树木枝叶来熏制肉制品的方法，可以产生特有的风味。
- **煮制** 煮制就是用热水、蒸汽等对肉制品进行加热熟化的过程。
- **烧烤** 烧烤是利用木炭等对肉制品进行加热的方法，使其表面酥脆，内部柔嫩，且产生浓郁的香味。
- **油炸** 油炸是利用油脂在高温下对肉制品进行加热的方法。

## 畜禽肉的常见腌制方法

畜禽肉的常见腌制方法有干腌法、湿腌法和混合腌法。

- **干腌法** 干腌法是将干盐或是盐和硝的混合物涂擦在肉的表面，堆成肉垛或放在容器内。经过干腌的肉蛋白质损失少，耐储藏。我国的咸肉、风干肉、干腌火腿均采用干腌法。
- **湿腌法** 湿腌法是指将盐和其他配料化为盐水卤，再把肉浸在其中。盐水浓度根据产品种类、肉的肥瘦比例、产品腌制和保藏时间而定。湿腌渗透快，腌制均匀，但是含水量高，不耐储藏。
- **混合腌制法** 混合腌制法是先干腌，然后再放入盐水中腌，可以防止产品出现过分脱水，减少营养损失，耐储藏。

## 畜禽肉的常见烟熏方法

畜禽肉常见的烟熏方法有冷熏法和温熏法。

• **冷熏法** 冷熏法是在15～30℃的低温下，熏制4～7 d的方法。熏前需对原料肉进行长时间地腌渍。冷熏宜在冬天进行，夏天由于气温高，温度难以控制，特别是发烟少时容易造成肉的酸败现象。冷熏主要用于干制的香肠，也可用于带骨的火腿。

• **温熏法** 温熏法是原料肉经过适当地腌渍，在30～85℃的温度下熏制而成的方法，又分为中温法和高温法。中温法是在30～50℃熏制1～2 d，通常采用橡树、樱树的枝叶和锯末进行熏制，熏制时温度应该缓慢上升，这种方法熏制的熏禽肉重量损失少，产品风味好，但是储藏性能差，一般用于火腿的熏制。高温法是在50～85℃的温度下熏制6 h，熏制时温度一样要缓慢上升，否则产生发色不均匀的现象，一般用于香肠的熏制。

## 畜禽肉产品的储藏方法

畜禽肉的主要储藏保鲜方法有以下几个：

• **低温储藏** 低温储藏分为冷却储藏和冷冻储藏。冷却储藏是指在－2～4℃条件下储藏，冷冻储藏是指在－12～－30℃条件下储藏。

• **腌制储藏** 腌制储藏是用食盐或是蔗糖腌制，可以大大延长肉类的保质期。

• **烟熏储藏** 烟熏常与加热一起进行，温度在60℃左右，可以使产品形成稳定的色泽，同时又有效延长肉制品的保质期。

• **风干储藏** 肉的风干储藏是一种很古老的储藏方法，肉类中的水分含量高达70%～80%，经脱水后极大地减少了水分含量，降低到 6% ~10%，抑制了微生物的生长和酶的活性，大大提高肉的储藏性能。

• **防腐剂储藏** 使用防腐保鲜剂储藏肉类，包含化学防腐剂和天然保鲜剂。

## 蛋类产品的储藏方法

鲜蛋是一种容易腐败变质的产品，要使用适当的保鲜储藏方法，以便保持其原有的状态、风味和营养成分，不发生或是少发生变化。蛋类产品主要的保鲜储藏方法主要有以下几种：

• **冷藏法** 无破损、无劣斑的鲜蛋在 -2 ~4℃温度下，可以保存半年。

• **浸泡储藏法** 生石灰（氧化钙）加水（生石灰和水的比例为 1.5∶100）浸泡鲜蛋，可以保存 4 个月。

• **涂布储藏法** 用涂布剂封闭蛋壳上的气孔，能达到很好的储藏效果。例如涂抹石蜡可以保存 7 ~9 个月，将鲜蛋在 10% 硅酸钠溶液中浸泡 40 ~60 min，在常温下可以储藏 5 个月。另外，植物油、猪油、矿物油、凡士林、聚乙烯醇、聚苯乙烯、聚乙酰甘油一酯也可以用来涂抹储藏蛋类产品。

• **气调储藏** 将经过挑选的鲜蛋放在 25% ~30% 浓度的二氧化碳环境中，可以有效延长鲜蛋的保质期，若能与冷藏法相结合，其储藏效果更好。

• **干藏储藏** 干藏是比较简易的民间储藏鲜蛋的方法，就是把选好的鲜蛋放在谷糠、小米、大豆、草木灰中，造成相对低的环境湿度，来达到短期保存鲜蛋的目的。

## 乳类产品的储藏方法

乳，俗称奶，由于其来源于动物，且水分、蛋白质含量高，极易受到污染，所以要对其进行适当的保鲜储藏处理。为了保证原料乳的质量，挤出的牛乳要立即进行过滤、冷却等初步处理，以便除去机械杂质并减少微生物的污染。由于乳在刚挤出来时的温度在36℃左右，极易受到微生物的作用而腐败变质，所以还要对其进行冷却处理，最好使牛奶全面降温至4℃左右再进行储存。牛奶导热性差，所以在最初几小时内应该进行多次搅拌。将整桶牛奶放入冷库储存，由于空气的导热性更差，冷库的温度传到牛奶中心时需要6个h以上，很可能导致牛奶变质。因此，牛奶在放入冷库储存之前，应该采用不同冷却方式进行冷却。

冷却只能抑制微生物的生命活动，不能消灭微生物，奶温上升后，微生物又开始活动，所以奶在冷却后应该在4℃左右保存，温度越低储存的时间越长。奶的冷却时间和保存时间的关系如下表所示。

**奶的保存时间和冷却温度的关系**

| 奶的冷却温度（℃） | 奶的保存时间（h） |
|---|---|
| 8～10 | 6～12 |
| 6～8 | 12～18 |
| 5～6 | 18～24 |
| 4～5 | 24～36 |
| 1～2 | 36～48 |

# 话题3　畜禽产品质量安全及控制

## 什么是热鲜肉、冷冻肉、冷却肉

- **热鲜肉**　刚屠宰的畜禽，肌肉的温度通常在38～41℃之间，这种尚未失去生前体温的肉叫做热鲜肉。通常在凌晨宰杀，清早上市，不经过任何降温处理。从加工、运输到零售的过程中，热鲜肉不但要受到空气、苍蝇、运输工具、包装等方面的污染，而且由于肉的温度较高，细菌最容易大量繁殖，肉的品质容易受到腐败而变坏。

- **冷冻肉**　冷冻肉是指动物宰杀后，经预冷，在－18℃以下的温度中迅速冷冻，使其深层温度达－6℃以下的肉。冷冻肉细菌较少，食用比较安全，并且易于储藏，但是食用前需要解冻，导致肉中大量的营养物质流失。

- **冷却肉**　冷却肉是指经严格执行兽医检疫制度，对屠宰后的畜禽胴体迅速进行冷却处理，使胴体温度24小时内降到0～4℃，并在后续加工、流通、销售过程中始终保持0～4℃范围内的生鲜肉。

> 冷却肉也称为预冷肉、冷鲜肉、排酸肉，但是这三种说法都不太准确。

## 什么是注水肉

动物屠宰前后，注入外来水的肉称为注水肉。注水肉不仅在经济上侵害了消费者利益，而且降低了肉的营养价值和品质。尤其是个别不法商贩所注入的水是不安全的水，对肉品的安全性造成极大危害。应禁止在原料肉或是动物胴体上注射外来水，同时要加强对注水肉的鉴别。

**小知识　注水肉的鉴别方法**

注水肉色淡、湿润，水淋淋的，肌肉组织松软，弹性差，切面手感滑，用纸贴在肌肉断面上，很容易揭下，纸张吸水量大，放肉的案板明显湿润。

## 畜禽肉为什么放一段时间才好吃

畜禽动物宰后，其肉在几个小时之内就进行烹饪加工，会发现难以咀嚼，肉汤浑浊无鲜香味；经过 3 ~5 天的冷却存放后再进行烹饪加工，就变得鲜嫩可口、肉汤透明、味道鲜美。造成这种现象的原因是畜禽动物宰后，其胴体内发生了肌肉自溶现象，使得肉的组织嫩化。

## 如何用感官判断肉是否新鲜

● **新鲜肉的鉴别**　新鲜肉的外观、色泽、气味都很正常，肉表面有稍带干燥的“皮膜”，呈浅玫瑰色或淡红色；切面稍带潮湿而无黏性，并具有各种动物肉特有的光泽；肉汁透明，肉质紧密，富有弹性；用手指按压，凹陷处立即复原；无酸臭味而带有鲜肉的自然香味；骨骼内部充满骨髓并有弹性，呈黄色，骨髓与骨的折断处发光；腱紧密而具有弹性，关节表面平坦而发光，其渗出液透明。

- **陈旧肉的鉴别** 陈旧肉的表面有时带有黏液，显得很干燥，与鲜肉相比表面与切口处的肉色发暗，切口潮湿而有黏性。如在切口处盖一张吸水纸，会留下许多水迹。肉汁浑浊无香味，肉质松软，弹性小；用手指按压，凹陷处不能立即复原；有时肉的表面发生腐败现象，稍有酸霉味，但深层还没有腐败的气味。

- **腐败肉的鉴别** 腐败肉的表面有时干燥，有时非常潮湿而带有黏性。通常在肉的表面和切口有霉点，呈灰色或淡绿色；肉质松软无弹力，用手指按压时，凹陷处不能复原；不仅表面有腐败现象，在肉的深层也有厚重的酸败味。

## 畜禽肉腐败变质后会出现什么现象

畜禽肉腐败，会在感官上发生很多异常现象。在肉的表面会出现发黏、拉丝的现象，肉的颜色不再鲜亮，而是变暗、发灰、发褐或是变绿，同时还伴有不良的气味。

### 小知识　夏季畜禽肉容易腐败的原因

在夏季或是温度比较高的环境下，畜禽肉特别容易发生腐败变质。这是因为在温度较高的时候，肉上的腐败微生物迅速繁殖，产生黏液和色素，使畜禽肉发黏和变色。另外，不同的微生物在肉上形成不同的代谢物，使肉产生臭味、酸味或是其他的不良味道。有的时候，由于一些霉菌的作用，在肉表面会产生霉斑。

## 怎样预防畜禽肉的腐败变质

预防畜禽肉的腐败，最重要的是防止微生物的污染和抑制肉中分解酶的活性，通常有以下几种方法。

- **冷藏和冷冻** 即降低温度使微生物活动或是肉中分解酶的活性减弱或停止。
- **加热** 高温可以杀死大量有害微生物，同时破坏分解酶的结构，可以有效地预防畜禽肉的腐败，如70℃加热30 min就可以有效杀死有害微生物。
- **干制脱水处理** 即降低畜禽肉中的水分含量，抑制微生物和酶的作用，防止腐败变质。常用的干制脱水方法有自然日晒、食盐脱水、鼓风吹干等。
- **腌制** 即在畜禽肉中添加盐或糖，提高渗透压，降低水的活性，使得微生物脱水死亡，从而达到防止腐败的目的。
- **烟熏** 用树木枝叶等来对畜禽肉进行烟熏处理，使得肉失去部分水分，同时大量吸收了烟中防腐物质，可有效抑制微生物和分解酶的作用，防止肉的腐败。

## 危害畜禽产品安全的原因有哪些

近年来，畜禽产品质量安全事故层出不穷，畜禽产品的信誉受到严重挑战，严重影响了畜牧业的可持续发展。究其原因，主要有以下五个方面：一是我国畜禽产品生产规模小，千家万户分散经营，一家一户单独面向市场，不利于推行标准化技术和统一产品质量，难以实现农业标准化生产。大部分畜禽产品以鲜活产品的形式进入市场，品种、品质、品牌难以体现，优质优价也无法体现，制约了我国畜禽产品质量安全水平的进一步提升。这种分散的小规模经营现状短时期还难以完全改变。二是畜禽产品质量安全监管体系薄弱。我国畜禽产品质量安全标准、检验检测和安全追溯等体系建设仍有很大差距。三是非法使用违禁药物、制售假冒伪劣饲料、兽药残留等问题没有从根本上解决，生产、流通及加工等环节质量安全隐患还很多。四是工业污染和畜牧业生产自身污染严重，给畜禽产品质量安全水平进一步提高增加了困难。五是一些养殖户和经营者，违背道德、违反法律，在畜禽产品中有意加入各类禁止使用的添加剂（例如瘦肉精），甚至有投毒行为（在畜禽产品中有意加入危害物，例如在饲料或是乳品中添加三聚氰胺）。

## 危害畜禽产品安全的有哪些种类

通常将畜禽产品中安全危害分为生物性危害、化学性危害和物理性危害三类。

- **生物性危害**　生物性危害主要包括细菌性危害、病毒性危害和寄生虫危害。如畜禽在活着的时候感染人畜共患的传染病和其他传染病，或感染了寄生虫等。

> 人畜共患的传染病主要有结核病、禽流感、狂犬病、口蹄疫等；其他畜禽传染病主要有猪瘟、鸡新城疫、兔瘟等；畜肉中常见寄生虫有囊尾蚴、旋毛虫、肝片形吸虫、弓形体。

- **化学性危害**　化学性危害主要包括农药污染、兽药污染、环境污染、放射性污染、添加剂残留、加工过程中形成的化学物质。如畜禽产品中农药残留，特别是有机氯农药，如六六六、DDT、氯丹、艾氏剂、狄氏剂、异狄氏剂、毒杀酚、林丹、七氯等脂溶性农药，在动物体内排泄缓慢，极易残留。在畜禽养殖过程中预防和治疗疫病时，使用的药物种类繁多，包括抗生素、磺胺制剂、呋喃类、驱虫剂、生长促进剂和各种激素制品等，滥用这些产品，会造成极大危害。

**小知识　　环境污染对畜禽安全的危害**

畜禽产品养殖和生产中，环境不符合要求也会造成安全隐患。环境污染的种类很多，其中已鉴定的有汞、镉、铅、砷、铬、多氯联苯、苯并芘、合成洗涤剂、六六六、DDT等，主要是工业废水、废气、废物和污水、垃圾、农药等对大气、水源、土壤造成污染，畜禽则通过呼吸、饮水、进食等导致这些物质残留在其体内富集。

- **物理性危害**　物理性危害主要是指食物中混有危害人体健康的金属块、玻璃碴等物体。

## 话题4　畜禽产品检疫与流通

### 畜禽产品进入市场流通前的检验检疫

根据我国农业部2002年5月24日颁布的《动物检疫管理办法》，所有动物、动物产品在出售或者运出养殖地或是加工地前，必须通过所在动物防疫监督机构的产地检疫，合格后方可出售或运出，否则禁止出售。各地人民政府畜牧兽医行政管理部门主管本行政区域内的动物防疫和检疫工作。

动物屠宰前应当逐头进行检查，健康无病的动物才能屠宰，患有疾病的动物和疑似患有疾病的动物应按照有关规定处理。动物屠宰过程中实行全流程同步检疫，对头、蹄、胴体、内脏等进行编号，对照检查。检疫合格的动物产品，加盖验讫印章或加封检疫标志，出具动物产品检疫合格证明。检疫不合格的动物产品，要按照规定作无害化处理或是销毁。

**小知识** 畜禽动物的检验检疫，检疫由农业部门的畜牧兽医负责执行，要负责从养殖到屠宰、加工全过程的检疫，主要检查猪有没有传染病。检验由定点屠宰企业或是商务部门在屠宰场派驻的检验员执行，主要检查有没有注水，有没有重金属、农药兽药、瘦肉精残留等。

## 哪些人员担任畜禽检疫工作

2008 年 1 月 1 日开始实施的《中华人民共和国动物防疫法》第四章第 31 条规定，动物防疫监督机构设动物检疫员，具体实施动物、动物产品检疫。动物防疫监督机构根据工作的需要，可以在乡镇畜牧兽医站和其他有条件的单位聘用专业兽医人员，作为动物防疫监督机构的派出动物检疫员，代表动物防疫监督机构执行规定范围内的检疫任务。

动物防疫员应当具有相应的专业技术。兽医卫生检疫员应经考核合格取得兽医卫生检疫员证书。具体资格条件和资格证书颁发的办法由国务院畜牧兽医行政管理部门规定。动物检疫员必须按照国家标准、行业标准、检疫规程的规定，对动物、动物产品实施检疫，并对检疫结果负责。

各级畜牧兽医行政管理部门应该对动物检疫员加强培训、考核和管理，建立健全内部任免、奖惩机制。

## 我国传统畜禽产品流通的主要渠道

传统禽畜产品的流通渠道主要有四种：

- 生产者将禽畜产品直接销往销地批发市场，销地批发商也可以自行前往批发，或者是由中间组织即运销商将禽畜产品送往销地批发市场，产品到达销地批发市场后，由零售商贩批发采购直接售给消费者。
- 由产地批发商从生产者处收购禽畜产品，再由运销商运往销地批发市场，由零售商贩从销地批发市场采购到农贸市场销售给消费者。
- 运销商直接从生产者手中采购禽畜产品，零售商贩从运销商手中采购后到农贸市场出售。这种流通渠道减少了产地批发市场和销地批发市场这两个中间环节，节约了禽畜产品的流通时间，在一定程度上降低了禽畜产品在流通环节中的损耗。
- 零售商贩从生产者手中直接采购或者由生产者到农贸市场去出售。这主要是一些小规模、小批量的生鲜农产品，虽然其中间环节的损耗低且流通速度快，但不能成为农产品流通的主要模式。

在一些城市和市场，超市从生产者或者运销商那里采购禽畜产品，经过配送中心的加工、分拣、分级、包装等环节，送往超市店面直接销售。

## 运输对肉用畜禽的影响

运输是指动物从农场到市场或是到屠宰厂的转运过程，在这个过程中，动物会发生应激反应，影响肉的质量和胴体的产量。运输对肉用畜禽的影响主要有以下几个方面：

- **减少重量** 减少动物的体重。
- **感染细菌** 运输中动物产生身体疲劳和精神疲劳，细菌容易滋生。
- **诱发疾病** 运输中动物容易发生急性肠炎、肺炎等疾病，还经常会产生红斑等现象。
- **体表损伤** 由于运输车辆设计和保养不当，或是运输拥挤、操作不当，经常会造成动物损伤出血。
- **运输死亡** 动物运输死亡常有发生，原因可能是动物运输前喂食，途中通风不良，夏季温度过高，过度应激反应等。

## 加强肉用畜禽的运输安全

- 肉用畜禽最好来自邻近的产区，直接从饲养地区运到屠宰厂，尽量减少运输环节和路程，减少应激反应。
- 要求运输车辆设备良好，动物饲养合理，护理得当，要避风雨，避暑防寒。车内空气要新鲜，地板要防滑，有垫草。用双层车运输时，两层之间要有一定空隙，便于空气流通。
- 为防止动物损伤，减少痛苦，车内要有一定的空间，不能拥挤，也不能疏松。要保持动物之间的距离。

## 加强畜禽产品的运输安全

加强畜禽产品的运输安全，要做到以下几个方面：

- 不运输严重污染的畜禽产品。
- 运输冷冻产品要使用冷藏设备，车、船内应保持0～5℃，如果不能达到要求，温度也要控制在10℃以下。
- 运输过程中要采取防腐、防变质措施，运输工具材料要不易腐蚀，方便清扫而长期使用。
- 装运尽量简便快速、直达，减少中转环节，缩短装运时间。

## 加强蛋类产品的运输管理

> 蛋的运输应该注意节约费用，要快速，减少环节。

蛋品在运输中最容易遭到损坏，所以要在运输和装卸过程中加强管理。

- 长途运输以火车、轮船为主，短途运输以汽车、马车、木船为主。
- 运输要快，搬动装卸要轻稳，要防止雨淋、日晒、灰尘和震动。冬季要防寒保暖，夏季要防热，装运的工具要清洁干燥。
- 装卸时要轻拿轻放，平搬平放，不拖不拉，双手搬运；箱或篓要放平放稳，要按顺序卡紧，不要歪倒放置。
- 堆码时，箱装以井字形为宜，篓装以品字形上下错开装载为宜；箱篓混装时，耐压的木箱应放在底层，篓放在上层。

## 加强乳类产品的运输管理

- 乳品要及时地运输到加工厂或是卖给消费者，在运输时要使用乳桶或是乳槽车，所用容器要严格杀菌。
- 运输时要控制好温度，最好在早晚运输，采用隔热材料盖好乳桶，盖内应有橡皮衬垫，不能用破布、油纸、碎纸等代替。夏季必须装满盖严，以免震荡；冬季温度过低时，不能装得太满，以免乳品冻结而破坏乳桶。

## 加强农贸市场畜禽产品的安全管理

在我国，农贸市场是传统的农产品集散地，其中畜禽及其制品销售区是最潮湿的地方之一，也是最容易产生质量问题的地方之一。

农贸市场中畜禽及其产品的销售区摊位一般较小，加上活禽的宰杀区、净膛等处理，容易造成粪便和血块的堆积，滋生大量的微生物和蝇虫，严重地危害着畜禽产品的安全。所以为了保证畜禽及其产品的安全，首先要出售健康卫生的活禽，品质安全可靠的畜禽产品；其次要在4℃左右的低温下销售，对废弃物要及时处理。另外随着经济的发展和市场的规范，应取缔在农贸市场上销售活的畜禽，要求用低温冷柜储藏销售畜禽产品。

## 我国颁布的畜禽产品质量安全控制的有关法律法规

畜禽产品质量安全事关消费者的身心健康，受到消费者、企业、政府、国际组织的高度重视，为了确保畜禽产品的质量安全，我国颁布的有关畜禽产品生产和流通控制相关法律、法规有:《中华人民共和国动物防疫法》（2007 年 8 月 30 日第十届全国人大常委会第 29 次会议修订通过，自 2008 年 1 月 1 日起施行），《中华人民共和国进出境动植物检疫法》（1991 年 10 月 30 日第七届全国人民代表大会常务委员会第 22 次会议通过，1991 年 10 月 30 日中华人民共和国主席令第 53 号公布，自 1992 年 4 月 10 日起施行）《动物检疫管理办法》（2010 年 1 月 4 日农业部第 1 次常务会议审议通过，自 2010 年 3 月 1 日起施行）《生猪屠宰管理条例》（2007 年 12 月 19 日国务院第 201 次常务会议修订通过，自 2008 年 8 月 1 日起施行）等。

# 第七讲 水产品生产加工与运输安全

## 话题 1　水产品的基本知识

### 我国主要水产品的种类

我国水产品种类多样，主要包括鱼类、虾蟹类、头足类、贝类和藻类等，按照鱼类生活的水环境分为海水鱼和淡水鱼两大类。

- 海水鱼品种繁多，常见的经济鱼类有大黄鱼、小黄鱼、带鱼等，除此之外，还有很多重要的经济鱼类如太平洋鲱、鳓鱼、鳕鱼、鲐、蓝点马鲛、金枪鱼、银鲳等。
- 我国"七大淡水鱼"主要是指青鱼、草鱼、鲢鱼、鳙鱼、鲤鱼、鲫鱼、团头鲂。另外，还有鲟鱼、鲇鱼等。
- 我国的虾蟹类主要包括对虾、梭子蟹、河蟹等，头足类全部是海产动物，如乌贼、章鱼、鱿鱼等；贝类如三角帆蚌、青蛤、文蛤、贻贝、蚶、扇贝、缢蛏、江瑶、珍珠贝、牡蛎等，都有很高的营养价值，是捕捞、养殖和出口加工的重要种类。
- 常见的经济价值较高的藻类种类有海带、裙带菜和紫菜等。

## 水产品的营养成分

鱼类、虾蟹类、贝类的肌肉及其他可食部分富含蛋白质，并含有脂肪、多种维生素和无机质，少量的碳水化合物。作为食物源对人类调节和改善食物结构，供应人体健康所必需的营养素，起着重要的作用。

一般鱼肉含有15%～22%的粗蛋白，虾蟹类与鱼类大致相同，贝类的含量较低，为8%～15%，且因种类、季节、年龄、大小等而异。鱼类和虾、蟹类的蛋白质含量和牛肉、半肥瘦的猪肉、羊肉相近，不同的是脂肪含量低，按干基计蛋白质高达60%～90%，而猪、牛、羊因脂肪多的缘故，干物质中蛋白质量仅约为15%～60%，因此水产品是一种高蛋白、低脂肪和低热量食物。

## 我国常见的水产制品

- **咸鱼**　用盐腌制后的鱼，在食用前要加热。如咸带鱼、咸鳓鱼以及用青、草、鲢、鳙等淡水鱼制作的咸鱼等。

- **糟鱼**　用盐渍脱水后，再用酒类进行渍制，经不同程度的发酵成熟加工而成的鱼。较著名的有传统糟鱼、绍兴醉鱼干、醉蟹等。

- **熏鱼**　盐渍、干燥等处理后的原料，在一定温度下，通过木材燃烧产生的熏烟接触，边干燥边吸收熏烟，使其具有特殊的烟熏风味、色泽和较好保藏性能。如烟熏鲑鱼、烟熏鲱鱼、烟熏淡水鱼制品等。

- **鱼糜制品**　将原料经采肉、漂洗、精滤、脱水搅拌冻结加工制成冷冻鱼糜，再经擂溃或斩拌、成型、加热和冷却工序制成的即为鱼糜制品。如鱼丸、鱼糕、鱼香肠、鱼卷、模拟虾肉、模拟蟹肉、模拟贝柱、鱼糕、竹轮等鱼糜制品和鱼排、虾饼、裹衣鱼糜制品等冷冻调理食品。

其他的还有鱼罐头、冷冻鱼、鱼粉等。

## 鱼及贝类死后的变化

鱼及贝类死后肌肉中会发生一系列生物化学变化，这些变化影响了肌肉的各种性质，影响了鱼及贝类的风味和质量及作为加工原料的适性。鱼体死后变化可分为三个阶段：死后僵硬阶段、自溶作用阶段和腐败变质阶段。刚死的鱼体，肌肉柔软而富有弹性，放置一段时间后，肌肉收缩变硬，失去伸展性或弹性，这种现象称之为死后僵硬。鱼体在死后经僵硬阶段以后，僵硬会缓慢地解除，肌肉重新变得柔软，失去弹性，进入自溶作用阶段，如图 7—1 所示。到了自溶阶段后期，细菌生长繁殖加快，分解产物增多，鱼体进入腐败变质阶段。鱼类腐败阶段的主要特征是眼球浑浊凹陷，鱼鳃变成褐色乃至灰色，鱼鳞容易脱落，鱼体的肌肉与骨骼之间易于分离，腹腔膨胀甚至破裂，部分鱼肠可能从肛门脱出，并且产生腐败臭等异味和有毒物质。

如图 7—1　鱼死后的变化

## 用感官判断鱼新鲜程度的方法

用感官判断鱼的新鲜度的方法见表7—1。

**表7—1　　判断鱼的鲜度的方法**

| 项目 | 新鲜 | 不新鲜 |
| --- | --- | --- |
| 眼球 | 眼球饱满，角膜透明清亮，有弹性 | 眼球塌陷，角膜混浊，虹膜和眼腔被血红素浸红 |
| 鳃部 | 鳃色鲜红，黏液透明，无异味或海水味（淡水鱼可带土腥味） | 鳃色呈褐色、灰白色，有混浊的黏液，带有酸臭、腥臭或陈腐味 |
| 肌肉 | 坚实有弹性，手指压后凹陷立即消失，无异味，肌肉切面有光泽 | 松软，手指压后凹陷不易消失，有霉味和酸臭味，肌肉易与骨骼分离 |
| 体表 | 有透明黏液，鳞片完整有光泽，紧贴鱼体，不易脱落 | 鳞片暗淡无光泽，易脱落，表面黏液污秽，并有腐败味 |
| 腹部 | 正常，不膨胀，肛门紧缩 | 膨胀或变软，表面发暗色或淡绿色斑点，肛门突出 |
| 眼球 | 眼球饱满，角膜透明清亮，有弹性 | 眼球塌陷，角膜混浊，虹膜和眼腔被血红素浸红 |

## 用感官判断虾蟹新鲜程度的方法

• 新鲜的生虾，外壳光亮、半透明、肉质嫩白或淡青白色（对虾），紧密而有弹性，无异常气味，肢体完整，蟠足卷体；陈旧的虾外壳混浊，失去光泽，从头至尾逐次变红，甚至变黑，肉质松软，肢体下垂，发出腥臭味，头、足甚至脱离虾体。

• 活蟹动作灵活、好爬行，善滚翻，濒死之蟹精神委顿，如将其仰置，不能翻起，刚死的鲜蟹，其壳纹理清晰，质地坚实，用手指夹住背腹平举蟹体时，可见足爪伸直不下垂，肉质充实，蟹体较沉，轻敲背壳发出实音，体表整洁，无异味。变质的生蟹其壳纹理不清，质地脆弱，平举蟹体时，足爪下垂，甚至脱落，壳内肉质空虚，流出液体，体表污秽不洁，发出腥臭或腐臭气味。

## 水产品脱腥的方法

不同的水产品腥味产生的原因有所不同，因此脱腥方法有很多，鱼腥味的特征成分存在于鱼皮黏液中，鱼体内的氧化三甲胺在微生物和酶的作用下产生三甲胺等成分增强了鱼腥味，一般海水鱼的腥味比淡水鱼更强烈。土腥味在鱼及贝类特别是淡水鱼及贝类中很常见，一般认为是它们在生长过程中积累了藻类或细菌所产生的带有土腥味的代谢废物而引起的。由蓝藻、放线菌分泌产生的次生代谢产物目前被认为是主要的造成鱼贝类土腥味的化学物质。

海水鱼的腥味脱除比较容易，一般用清水或淡盐水洗涤数次即可。目前还没有有效的方法能完全消除淡水鱼鱼肉中的土腥味。鱼制品脱腥的方法很多，主要有物理法、化学法、生物法、复合法等。其中物理法和生物法对鱼制品基本上没有引入合成的化学物质，消费者较容易接受，但物理法的效果不理想。化学法容易有化学物质残留，存在食品安全性问题，不提倡使用。复合法用于除腥要求较高的产品，比单一的脱腥技术有更好的脱腥效果，应用最为广泛。所以，随着生物技术的应用越来越普遍，生物脱腥技术已经成为鱼制品脱腥的研究热点。

> **提示** 物理法包括利用活性碳吸附，利用液胶囊包埋腥味物质。化学法包括酸碱盐处理，溶剂萃取等方法。生物法主要是通过微生物发酵来达到去腥效果。
>
> 复合法是采用两种或两种以上的脱腥技术。

## 话题 2 水产品的储运

### 水产品的保活

水产品保活的重点，主要是根据待运品的生理特点，通过降低活体的代谢水平，控制其生存微环境的劣化，来延长水产品在储运等非正常生存条件下的生命，提高存活率，并尽可能保持其优良的食用品质。常用水产品保活有以下几种方法。

- **低温法** 常规低温是将运输水体与水产品的温度降至环境温度以下。低温法可广泛应用于鱼、虾、蟹、贝类的保活运输。
- **增氧法** 即在运输过程中，以纯氧代替空气或特设增氧系统。最简便常用的方法是在有水的塑料储运袋中充入高压纯氧，然后将塑料袋放入泡沫箱中运输。
- **麻醉法** 麻醉法通常包括化学麻醉和物理麻醉法。常用的化学麻醉剂有磺酸间氨基苯甲酸乙酯（MS－222）等30余种。物理麻醉法可采用电击方法使鱼进入假死状态，或用银针插入鱼体头部相关穴位，使其进入麻醉状态，从而延长其存活时间以利于运输。

> **提示** 麻醉法用于食用水产品的安全性问题有待研究。

- **诱导休眠法** 通过诱导使水产品进入冬眠状态。

## 鱼类活体储运方法

用运输车或船作为装载工具的活鱼带水运输，在正式装运前，一般应停食2天以上暂养。装运前，鱼应在网箱中密集座箱6～8 h，及时剔除受伤或死亡个体。

常用的工器具包括：工业氧气瓶、带减压阀的气压表、塑料软管、配套三通及分头的多管接头、气圈等供氧设备，鱼篓或塑料桶，篾制鱼篓需铺上防水的油布胆。还要配备比鱼篓或桶稍大的双层氧气袋、水泵及配套塑料软管、水桶、短柄海捞、鱼筛等。

一般按以下程序装载：固定氧气瓶→套袋→排篓（桶）→安装充氧器具→加水→试气→装鱼→充氧→扎口。

> **注意事项** 在运输过程中要定时检查车辆、容器、供氧、水温、水质等状况。水中加入适量的氯化钠和氯化钙可减少

鱼体表黏液，避免鱼类撞击受损。在高密度运输中氧气的供应对鱼成活率的高低至关重要，即使短时断氧也会导致整批鱼死亡。应特别注意氧气气量调整，检查气路防止气管脱落，及时换瓶。中途定期进行鱼况检查，随时清除死鱼、伤鱼；加强水温、水质的检查，避免水温波动，特别是加水或换水时一般要控制温差不超过5℃。随时清污，适时换水，防止水质恶化。定时对容器及氧气袋进行检查，防止破损漏水事故。

## 虾类活体储运方法

活虾的运输方法主要有带水、无水和充氧运输等。

- **带水运输法** 带水运输法适用于大多数活虾的长途运输，作业水温14～18℃。在运输过程中，如发现匍匐于水底的虾反复蹿水或较多虾急躁游动，表明水中缺氧。

- **无水运输法** 无水法适合于大规模的长途空运。收获后的龙虾应及时用细绳或橡皮筋将其双螯扎紧，避免相互残杀。龙虾可离水生存，因此可用箱、篓包装后在低温条件下无水运输。运输前应降低虾体的温度，最佳活运温度可根据品种、收获地区等进行具体调节。包装及运输应在3～7℃条件下进行操作。

- **充氧法** 中国对虾、斑节对虾、白腿虾和大型淡水对虾短距离运输常使用塑料袋充氧法，用密闭的充氧袋或开口的充氧箱包装带水运输。虾和水一起装入气密性良好的塑料袋中，充入一定体积的高压纯氧，将袋口扎紧后，放入泡沫保温箱中运输。

## 梭子蟹活体储运方法

- **原料验收** 待运原料要逐只验收，要求螯足基本齐全，允许每侧缺失步足不超过 1 只，并剔除畸形和活力差的僵蟹。

- **暂养** 铺沙 10 ~ 20 cm，水深 40 ~ 60 cm，水温 15 ~ 20℃，暂养一般不超过 7 d。捆扎：用橡皮筋逐只捆扎螯足，使其无法行动。

- **降温休眠** 用 10 ~ 15℃的水（20 min）和 3 ~ 5℃的水分次降温，使蟹逐步进入休眠状态。当晃动蟹体，蟹的螯足收紧不动时，即完成。

- **包装** 将待运蟹称重后，逐只装入经预冷的纸箱中，加入木屑填料，使之相互隔开，防止碰撞。

> **提示** 用作填料的木屑应事先杀菌并预冷到0~4℃，木屑要填满、不留空隙，但不能太细，以免因透气性差，而导致蟹死亡，最后用胶带把箱缝封口。

## 什么是冷藏链

水产冻结食品生产出来后，若要尽量少地降低其优良品质，一直到消费者手中，就必须使其从生产到消费之间的各个环节都保持在适当的低温状态。这种从生产到消费之间的由连续的低温环节组成的流通体系，即冷藏链。

根据水产品保藏的温度不同，水产冷藏链可分为“冰鲜冷链”（0 ~ 2℃）、低温冷链（ -15 ~ -25℃）、活体运输冷链（ -4 ~ 16℃）和“超低温冷链”（ -45℃以下）。

冰鲜冷链不包含冷冻环节，一般用于短期周转和就近流通供应，在养殖鱼类、生鲜品储藏运输和加工配送中应用广泛。

低温冷链常由以下环节组成：渔船→陆上加工厂→冷藏库→冷藏运输工具（车、船等）→调剂冷藏库→冷藏或保温车→商场冷藏展示柜→家用冰箱。

> **注意事项** 在此过程中，一般水产品在冻结前多处于冷却保鲜状态。为了其保持新鲜品质，应尽量缩短这段时间，尽快进行冻结处理，并在冻结后即转入冻藏，并在以后的环节中保持相应的温度。

## 话题3 水产品保鲜与加工

### 水产品的保鲜方法有哪些

目前应用于水产品的保鲜技术，主要有低温保鲜、化学保鲜、辐照保鲜、气调保鲜、酶法保鲜等。除此之外，还有加入盐、糖、酸及利用熏烟产生的化学物质，或通过脱水来保持水产品品质的措施，即在水产品中常见的盐腌、醋渍、烟熏和干制等保藏方法。

> 其中最常用的方法是低温储藏保鲜。盐腌、醋渍、烟熏和干制等保藏方法也是农民朋友常用的方法。

## 水产品低温储藏保鲜方法

水产品具有易腐败的特性，要对其适当地储藏保鲜，保持或尽量保持其原有鲜度品质。主要的低温储藏保鲜方法如下：

### 1. 冷却保鲜

可较好地保持水产品鲜活状态时的质构和风味，但储藏期短，大部分只有1~2周。常用的水产品冷却保鲜方法主要包括冰冷却法、冷海水或冷盐水冷却法和空气冷却法。

- **冰冷却法**　可使水产品迅速冷却。
- **冷海水冷却法**　采用-1~0℃的冷海水浸渍或喷淋渔获物。
- **空气冷却法**　一般在温度-1~0℃的冷却间内进行。

### 2. 微冻保鲜

微冻保鲜是将温度降低到-2~-3℃下对水产品进行保藏，鱼类在-1~-2℃保藏比在0℃下约可延长7 d，微冻保鲜一般能达20~27 d。

### 3. 冷冻保鲜

对于冻结的水产品来说，冻藏温度越低，品质保持也越好，储藏期也越长，储藏期可达数月至一年以上。在冻藏温度-18℃、-25℃、-30℃情况下，少脂鱼类相应的实用储藏期分别为8、18、24个月，多脂鱼分别为4、8、12个月。随着时间的增加，水产品会产生蛋白质变性、脂肪氧化、解冻后汁液流失、肉质损伤、风味劣化等现象，使其逐渐失去生鲜品的良好口感和风味。

## 常见冷冻水产品的加工工艺

冷冻海水鱼整冻产品有冻鲳鱼、鲅鱼、大黄鱼、黄姑鱼、白姑鱼、石斑鱼、带鱼、鲐鱼等。常见的淡水鱼原料有青鱼、草鱼、鲢鱼、鳙鱼等。其中多种冷冻海水鱼出口国外，是水产品出口创汇的主要品种。

● **冷冻鱼的加工工艺流程** 原料→挑选→清洗→沥水→定量装盘（或单条冻）→速冻→脱盘→镀冰衣→包装→冷藏。

● **冷冻淡水鱼片的加工工艺流程** 原料→冲洗→前处理（去鳞、去内脏、去头）→洗净→剥皮→割片→整形→挑刺修补→灯检→冻前检验→漂洗→摆盘→速冻→包冰衣→检验→冷藏→成品。

● **冷冻有头对虾的加工工艺流程** 原料→冲洗→挑选→分级→称重→摆盘→加水1→冻结→加水2→冻结→冷藏→成品检验→出厂。

> **提示** 两次加水是为了使冰能充分冻裹住虾盘底和上层的虾，避免暴露在空气中，加水1的量以虾不上浮为准，加水2的量以淹没虾体为准。

● **冷冻生扇贝柱的加工工艺流程** 鲜活扇贝→水洗→开壳剥肉→去内脏及外套膜→杀菌→沥水→洗肉→分级

→杀菌→洗涤→摆盘→冻结→脱盘→镀冰衣→称重→包装→成品→冷藏

• **冷冻调理水产品主要生产工艺为** 原料处理→调味（品质改良）→成型、（加热）→冻结→包装

• **冷冻鱼糜的生产工艺** 原料鱼→前处理→清洗（洗鱼机）→采肉（采肉机）→漂洗（漂洗装置）→脱水（离心机或压榨机）→精滤（精滤机）→搅拌（搅拌机）→称重（秤）→包装（包装机）→冻结（冻结装置）

## 干制水产品主要品种

水产品干制品有以下几种：

• **淡干品** 将原料水洗后，不经盐渍或煮熟处理而直接干燥的制品，其原料通常是一些体型小、肉质薄而易于迅速干燥的水产品，如鱿鱼、墨鱼、章鱼、鱼卵、鱼肚、海参、海带、虾片等。

• **盐干品** 经过腌渍、漂洗再行干燥的制品。多用于不宜进行生干和煮干的大中型鱼类和不能及时进行生干和煮干的小杂鱼等的加工，如盐干带鱼、黄鱼鲞、鳗鱼鲞等。

• **煮干品** 新鲜原料经煮熟后干燥而成的制品。具有较好的味道、色泽，食用方便，能较长时间地储藏。如鱼干、虾皮、虾米、海蛎干、鱼翅等。

• **调味干制品** 原料经处理、调味料拌和或浸渍后干燥，或先将原料干燥至半干后浸调味料再干燥的制品。主要制品有烤鱼片、鱿鱼丝、五香鱼脯、珍味烤鱼、香甜鱿

（墨）鱼干、鱼松、调味海带、调味紫菜等。

## 烟熏水产品主要品种及加工工艺

烟熏水产品主要有冷熏、温熏，全鱼、去头和背肉熏制等产品。熏制品的生产一般要经过原料处理、盐渍、脱盐、风干、熏干等过程。通常选用鲑鱼、鳟鱼、鲱鱼、鳕鱼、秋刀鱼、沙丁鱼、鲐鱼、贝类和头足类等原料，经前处理后，进入烟熏室熏干。

- **红鲑的棒熏加工工艺** 原料处理→盐渍→修整→脱盐→风干→熏干→罨蒸→包装→冷藏。
- **烟熏淡水鱼制品加工工艺** 原料鱼→前处理→漂洗→盐渍→沥水→风干→熏制→冷却→包装→成品。
- **调味烟熏乌贼加工工艺** 原料处理→去皮→洗净→调味→熏制→切丝→二次调味→包装→制品。

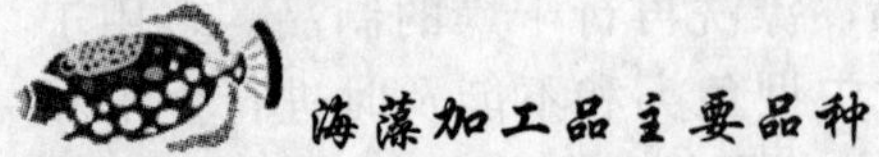

## 海藻加工品主要品种

> 海藻不仅可以作为食品，也可以作为保健食品或药品使用。

我国早在2000年前就有食用海藻的记载。日常食用的海藻主要是大型海藻如海带、裙带菜、紫菜、羊栖菜等。

海带是我国资源最丰富的海藻。国内外有40多种海带加工品，包括淡干海带、调味海带丝、海带粉、海带挂面、海带面包、海带营养豆腐、海带速溶茶、海带肉卷等产品。

紫菜味道鲜美，我国紫菜主要经济种类有甘紫菜、条斑紫菜和坛紫菜。作为紫菜食品的加工，主要有淡干紫菜、调味紫菜、烤紫菜、紫菜汁、紫菜酱等产品。

## 话题 4　水产品质量安全与控制

### 影响水产品质量安全的环境因素

海洋和湖泊不仅是人类赖以生存的自然环境，也是人类优质食物的主要来源之一。人们在享用营养丰富的水产品时，也受到海洋生物中存在的有毒成分的威胁。目前，世界上每年因食用有毒的鱼、贝类而引起的食物中毒事件超过 2 万件，死亡率为 1%。水产品质量安全的信誉受到严重挑战，严重影响了水产品的可持续发展。究其原因，主要有以下五个方面:

- 水环境的污染不仅直接危害鱼类的生长，而且污染物通过生物富集与食物链的传递危害人类健康。

- 生活环境不同，水产品的生物活性成分与陆生动植物中存在着较大的差异，水产品更易于腐败变质，部分鱼贝类体内还含有毒素。这些特点也为水产品的安全利用带来了严峻的挑战。

- 水产品质量安全监管体系薄弱。我国水产品质量安全标准、检验检测和安全追溯等体系建设仍有很大差距。

- 非法使用违禁药物、制售假冒伪劣饲料、药物残留等问题没有从根本上解决，生产、流通及加工等环节质量安全隐患还很多。鱼药的大量和不当使用，以及对鱼药的生产、销售和使用监管力度不够和加工过程中产品安全质量保障措施不健全，导致部分水产品中添加剂和药物残留量严重超标，也进一步影响了我国水产品的安全品质。

## 危害水产品质量安全的因素

通常将水产品中安全危害分为生物危害、化学性危害和生物腐败三类。

### 1. 生物危害

生物危害主要包括致病菌危害、病毒危害、生物毒素危害和寄生虫危害。

- 来源于水产品中的致病菌分为两组，一组是自身原有的细菌，广泛分布于世界各地的水环境中，并受气温的影响。例如肉毒梭菌和副溶血性弧菌。另一组致病菌是水产品非自身原有细菌。例如沙门氏菌属，可生活在被人或动物粪便污染的环境中。
- 生物毒素主要有麻痹性贝毒、腹泻型贝毒、神经性贝毒、记忆缺失性贝毒、雪茄毒素和河豚毒素等。
- 鱼体中寄生虫是常见的，但大多与公众健康关系不大。所有寄生虫都是因人们食用生的或未经烹调的水产品而被传染的。因此，当人们食用生的或未经烹调的水产品时，控制方法特别重要。

### 2. 化学性危害

化学性危害主要包括农药污染、鱼药污染、环境污染、有机污染、添加剂残留、重金属残留及加工过程中形成的化学物质。

- 水产品中的药物残留，主要有乙烯雌酚、氯霉素、硝基呋喃类、磺胺、土霉素、四环素以及孔雀石绿等。在水产品养殖过程中，这些药物滥用使其在水产品体内残留。

- 人们向海洋倾倒数以万吨的工业废料和淤泥，往海中排放农业上使用的化学物质，还有庞大的城市人口和工业排放的未经处理的生活和工业污水，造成沿海环境和淡水环境的污染，导致一些化学物质以各种方式进入到鱼和其他水生生物体内，造成了重金属离子的富集。

> 重金属主要有汞、镉、铅、砷、铬等。

### 3. 生物腐败

生物腐败主要是由鱼体内的活性酶类、脂肪氧化和体表的微生物作用导致的。水产品体内内源性酶类、脂氧合酶类等的作用会使蛋白质分解，脂肪氧化酸败，导致水产品品质变差，也会带来水产品的安全问题。

## 水产品进入市场前的卫生要求

> 目前北京、上海、天津、深圳、大连等市正在实施水产品市场准入制度试点工作。

现在国家还没有统一的水产品市场准入制度，但是各个城市正在加强对当地水产品市场的管理和市场准入制度的建立，以保证水产品的安全。

> **提示** 河豚鱼有剧毒，不得流入市场。黄鳝、甲鱼、螃蟹和各种贝类均应鲜活出售。凡因化学物质中毒致死的水产品不得销售食用。

鲜鱼允许上市销售，二级鲜度的鱼必须在指定期限内售出，变质鱼不允许在市场上销售，且要将变质鱼做无公害化处理。渔业生产时应严格剔除有毒鱼，含有自然毒素的水产品，如鲨鱼、鲅鱼、旗鱼等必须除去肝脏，湟鱼应除去肝、卵方可出售。

## 水产品进入市场流通前的检验检疫

- 我国农业部2002年5月24日颁布的《动物检疫管理办法》第28条指出：出售或者运输水生动物的亲本、稚体、幼体、受精卵、发眼卵及其他遗传育种材料等水产苗种的，货主应当提前20 d向所在地县级动物卫生监督机构申报检疫；经检疫合格，并取得动物检疫合格证明后，方可离开产地。
- 《动物检疫管理办法》第29条规定：养殖、出售或者运输合法捕获的野生水产苗种的，货主应当在捕获野生水产苗种后2 d内向所在地县级动物卫生监督机构申报检疫；经检疫合格，并取得动物检疫合格证明后，方可投放养殖场所、出售或者运输。

> 中国的鱼虾等水产品除出口外，在国内市场上销售的有很大一部分没有经过行业检疫，许多鱼虾类产品从鱼塘出来就被直接端上了餐桌。尽管中国目前已经建立起了比较完备的水产养殖病害监测系统，但水产品检疫是一个相对较为复杂的工程，目前具有水产防疫检疫上岗资格的技术人员远远不能满足实际需求。水生动物不进行检疫，极易引起疾病蔓延，损害消费者健康，今后鱼虾类产品上市销售必须检疫合格，否则不能销售。

## 我国水产品流通的主要渠道

水产品流通渠道，是水产品从生产（养殖或捕捞）领域到消费领域所经过的途径或通道。水产品流通形成了国有商业、集体和合作商业、个体商业多种经济成分共同参与竞争的多渠道经营格局。

水产品渠道按长短和复杂程度大体又可分为三种类型：

- 生产者直接通过零售商将水产品送到消费者手中，中间环节较少。
- 在生产者和零售商之间又加入了一级或多级中间批发商，中间批发商既可以是水产品加工企业，也可以是纯粹的流通组织。
- 渔民的自产自销和产销直挂。自产自销虽然带有浓重的自然经济色彩，但在生产力水平多层次并存的今天仍有其生存的空间。产销直挂则随着一种新的流通组织——产销联合体的产生正悄然兴起。

产销联合体是将生产、加工、销售结合在一起，实行水产品生产、加工和销售综合经营的经济组织，其特点是产、加、销一条龙。产供销联合体在实践中主要有三种形式：一是国有水产加工企业与规模化的养殖场和批发零售经营组织结成的联合体；一是乡镇企业和私营企业（加工企业或销售企业）与本乡镇的水产养殖场或渔业公司组成的联合体。由于产销一体化经营将水产品生产、流通等各个环节有机地结合起来，打破了生产与流通的分割，打破了城乡界限，减少了中间环节，发展前景看好。

## 我国水产品流通的主要环节有哪些

水产品的流通一般都要经过收购、批发和零售几个基本的环节，储藏和运输是每一环节必要的辅助手段。由于水产品的鲜活易腐性，有时还需经过加工后才进入批发和零售环节。

批发是生产者和零售商之间、产地和销地之间的流通环节，是较大规模的商品流通不可或缺的一环。水产品多种经济成分共同参与水产品经营，除了一部分产销直挂和自产自销的水产品，绝大部分需要在加工和零售之间、生产和零售之间进行批发交易。批发市场集水产品冷藏、运输、批发、零售于一体，产品直接面向批发商、零售商以及最终消费者，对水产品市场的繁荣起到积极的作用。

零售是把水产品销售给最终消费者的流通环节，是水产品流通中最活跃的一环。中国水产品的零售除国有副食品商店、个体水产商店和生产企业直销外，主要是遍及各地的城乡集贸市场。

## 我国水产品质量安全控制的有关法律法规

我国已初步建立了食品质量管理的法律法规体系。与水产品质量管理有关的法律规章、规范、通则等多达几十部。

- **有关法律**　主要有《食品卫生法》《产品质量法》《渔业法》《标准化法》《商标法》《计量法》《进出口商品检疫法》《消费者权益保护法》《环境保护法》等。
- **有关法规**　主要有《食品生产加工企业质量安全监督管理办法》《食品标签标注规定》等。

## 我国水产品质量安全控制有关标准

为了确保水产品的质量安全，我国政府和有关国际组织还推出了有关管理的标准：

- 国家和部门行业标准体系。《中华人民共和国食品工业标准汇编——水产品加工卷》《中华人民共和国食品工业标准汇编——水产品卷》《水产品卫生标准》、农业部有关水产及水产品的行业标准——《水产品加工质量管理规范》SC/T 3009—1999 等。

- 水产品安全卫生指标限量标准共有 32 个，主要包括 GB 18406. 4—2001《农产品安全质量无公害水产品安全要求》、19 个水产品卫生标准以及 12 个食品中重金属及污染物、农药限量卫生标准。

- 水产品加工体系标准——参照美国法规 21CFR Part 123&1240《水产品生产与进口的安全卫生程序》及国际食品法典委员会的 CAC/RCP1—1997《食品卫生通则》等标准，并根据我国的具体情况修改制定了《冻虾仁标准》SC/T 3110—1996、《冻海水鱼》GB/T 18101—2000、《干海带》SC/T 3202—1996、《烤鱼片》SC/T 3302—2000、《鱼粉》SC/T 3501—2000、《鱼油》SC/T 3502—2000 等标准。

- ISO 9000 系列标准。通过 ISO 9000 系列标准认证是获得国际市场准入的基本条件。水产品生产企业以 ISO 9001 质量保证体系为通则，以 HACCP 规范为导则的模式结合，既能满足顾客需求，同时更进一步确保了消费者的安全。